お抹茶のすべて

宇治抹茶問屋4代目が教える

桑原秀樹 監修

誠文堂新光社

はじめに

栄西がわが国に抹茶を伝えて８００余年、村田珠光が茶の湯（わび茶）をはじめて５００余年が経ちます。明治維新後、どん底に落ち込んだ抹茶の消費量は、現在、歴史上最高を記録しています。抹茶は茶道用のみならず、飲料用、食品加工用として、今や全世界で消費されるようになりました。８００余年の歴史のある我が国の抹茶ですが、不思議なことにこれまで「抹茶」、「碾茶《てん》」について書かれた書物は1冊もありませんでした。書店の本棚にあるのは茶道や茶道文化関係の本ばかりです。私は「抹茶の本がほしい」という思いで、数年間抹茶（碾茶）を研究し、平成24年に『抹茶の研究』という研究書を自費出版しました。しかし、自費出版だったために発行部数が少なく、在庫がありません。また、研究書のため内容が専門的で統計数字が多く、一般読者向けではありませんでした。

この本は、その『抹茶の研究』のダイジェスト版です。統計表や直接抹茶に関係のない部分を削り、文章を読者にも分かりやすいように一部書き直しました。また、写真をできるだけ多く掲載して、読みやすくしました。この本をお読みいただければ、抹茶の基本をすべて学ぶことができると信じています。

抹茶は高級で高価で、作法を知らないとなかなか気軽に飲めないと思っている人が多いようですが、まったくそうではありません。１kg５万円の高級宇治抹茶でも、１・５ｇの「お薄」一服の値段は75円ですからペットボトルのお茶の半値です。ペットボトルの半分の値段で香りの良いおいしい抹茶がいただけるのですから、こんなに安いものはないと思います。みなさん、ぜひ一度抹茶に挑戦してください。抹茶を点てるのに最低限必要なものは「抹茶」と「茶筅《ちゃせん》」と「茶碗」と「湯」です。「抹茶」と「茶筅」は購入してください。茶碗は茶筅が動かせる大きさのものなら、どんなものでも結構です。作法は気にしないで、自己流で抹茶を点てて、楽しみましょう。この本を読めば、きっとおもしろくて楽しくて新しい抹茶の世界が広がると思います。

桑原秀樹

お抹茶のすべて　目次

コラム

第1章

抹茶の基本

抹茶とは何か？

「抹茶」について、読者のみなさんはどのようなイメージを持っているでしょうか？　抹茶といえば、玉露と同じように覆いの下で栽培され、石臼で挽かれて茶道に使われる高級なお茶というイメージでしょうか。しかし、町のお茶屋さんの売上の中で、お抹茶の売上は1％未満ですし、茶道人口は非常に減少しています。イメージの中にある、茶筅で点てて飲まれている抹茶の量は非常に少ないようです。その一方で、コンビニエンスストアやスーパーマーケット、デパートなどでは、「抹茶アイス」「抹茶ラテ」「抹茶ミルク」「抹茶ケーキ」「抹茶チョコ」といったお菓子や飲み物などの「抹茶物」が多数販売されていますし、「和カフェ」などもはやっているようです。

この章では、現在「抹茶」はどこで、どれだけ生産されているのか？　また、抹茶が日本に渡ってきて以来、生産量はどのように推移してきたのかを見ていきましょう。

抹茶の生産量と碾茶の生産量の不思議

抹茶といえば、原料である碾茶を茶臼で挽いたものと思われるかもしれませんが、本当にそうでしょうか？

残念ながら日本には「抹茶生産量」の統計がないため、誰もその数量を知ることはできません。そこで、各種のデータを見てみると、現在の「抹茶生産量（加工用抹茶を含む）」は約4,000トンです（監修者推計）。これは、国民1人当たり年間4グラムの消費量です。この「抹茶生産量」4,000トンに対して、原料となる碾茶の生産量は平成21年度で1,740トン（表1）。25年前の平成元年度が796トンなので約2倍、45年前の昭和44年度が373トンなので、約4・6倍の増加ということになります。

府県名	碾茶生産量
京都府	791t
愛知県	500t
静岡県	211t
岐阜県	70t
三重県	50t
奈良県	43t
鹿児島県	20t
宮崎県	10t
滋賀県	7t
福岡県	4t
埼玉県	3t
全国	1,740t

表1　平成21年度府県別碾茶生産量（推計含む）

京都茶市場で入札販売される碾茶の荒茶

碾茶の生産県は長い間、京都府と愛知県に限られていました。昭和60年以降碾茶生産県は増加し、現在は11府県で生産されています。それとともに、碾茶の生産量は年々増加の傾向にありますが、抹茶の生産量4,000トンより、その原料である碾茶の生産量1,740トンの方が少ないという、不思議な現象が起こっています。

平成21年度の碾茶全国生産量は1,740トンですが、これは荒茶《あらちゃ》の数量です。茎や葉脈など、抹茶に挽けない部分をはずして仕立葉にするとおよそ1,300トンになります。つまり、4,000トンの抹茶生産量のうち1,300トンは碾茶よりできた抹茶となります。それでは、4,000トン－1,300トン＝2,700トンの抹茶はどんな原料からできているのでしょうか？

荒茶
茶の生産家が工場で製造した茶のこと。仕上げ茶と違って茎、粉などが混じっている。

「その他」という名前

農林水産省が発表している「作物統計」の茶種別荒茶生産量統計の茶種には「玉露」「煎茶」「碾茶」などのほかに「その他」という茶種があります。昔は「紅茶、その他」になっていた「その他」の生産量が平成21年度で1,740トンと発表されています。この「その他」が何かを知っている人はほとんどいませんが、ほとんどすべてが「**モガ**」と呼ばれる加工用抹茶の粉砕原料です。モガは石臼ではなく粉砕機で粉砕することによって微粉末に加工し、「加工用抹茶」「食品用抹茶」の名前で流通しています。

2,700トン－1,400トン（1,740トンを精選加工した数字）＝1,300トンで、残りの1,300トンは何でしょうか？

その一部は「秋碾」と呼ばれているもので、**秋番**を碾茶炉で製造したものです。碾茶と同じく碾茶炉で製造されていますが、原料の秋番には覆いはかかっていません。秋碾の生産量総計はないことになっているので、誰もその数量を知りえませんが、400トンくらいは生産されていると推計されます。

全国の抹茶生産量4,000トンの原料を表にすると、表2のようになります。これによれば、碾茶よりできた抹茶（手摘み、一番刈、二番刈）は33％で抹茶全体の3分の1であり、残り3分の2は碾茶以外の原料から製造されていることがわかります。碾茶原料からできた抹茶は「抹茶」と表示されて流通販売されています。碾茶以外の原料から製造された粉

モガ
加工用抹茶の粉砕原料。生葉を蒸したあと、葉打機、粗揉機を通し、そのあと乾燥機で乾燥したもの。主に三重県と静岡県で生産されている。

秋番
9月、10月に製造される番茶のこと。

京都府相楽郡和束町の茶畑

末は、本来なら「粉末茶」と表示して流通販売させなければいけませんが、現実には「加工用抹茶」「食品用抹茶」「工業用抹茶」と表示されて流通販売されています。

つまり、抹茶業者以外の人は「食品用抹茶」「加工用抹茶」も抹茶であると誤って認識していることになります。世間で流通している抹茶のうち３分の２は、本来の意味での抹茶ではありません。

手摘み	一番刈	二番刈	秋碾	モガ	粉その他	合計
120t	675t	505t	300t	1,400t	1,000t	4,000t
3%	17%	13%	8%	35%	25%	100%

表２　全国の抹茶生産量の原料内訳（監修者推計）

抹茶の定義

現在、公益財団法人日本茶業中央会で示されている抹茶の定義は、「覆い下で栽培された生葉を揉まないで乾燥した碾茶を茶臼で挽いて微粉状に製造したもの」となっています。そして、「『茶臼で挽いて』という表現は粉砕の代表例を示したもので、その他の方法で微粉末にしたものでも『抹茶』といえる」というのが、現在の中央会の見解となっています。

抹茶の定義については、従来いろいろな見解がありますが、その見解の違いは栽培方法、摘採方法、製造方法、加工方法によって分かれています。

- 栽培方法における差異は、覆い下であるか、露地であるか。
- 摘採方法における差異は、**手摘み**であるか、**ハサミ刈**であるか。
- 製造方法における差異は、揉むか揉まないか、つまりモガ製か碾茶炉製か。
- 加工方法における差異は、茶臼か粉砕機か。

現在、表3にあるAからMの13種類が、単独で、または組み合わされて「抹茶」や「加工用抹茶」「工業用抹茶」「食品用抹茶」という名称で流通しています。茶業中央会では、摘採方法と加工方法は問題にせず、栽培方法が「覆い下栽培」であることと製造方法が「揉まずに」であることの2点で定義づけしています。この見解に従えば、G、J、K、L、Mの5種は抹茶といえないことになります。

手摘み
茶の新芽を手で摘むこと。

ハサミ刈
手摘みではなく、茶刈り鋏を使って茶の新芽を摘採すること。

	栽培方法	摘採方法	製造方法	加工方法
A	一番茶、棚、本簾、菰	手摘み	碾茶炉	茶臼
B	一番茶、棚、寒冷紗、二重	手摘み	碾茶炉	茶臼
C	一番茶、棚、寒冷紗、一重	手摘み	碾茶炉	茶臼
D	一番茶、棚、寒冷紗、一重	ハサミ刈	碾茶炉	茶臼
E	一番茶、直、寒冷紗	ハサミ刈	碾茶炉	茶臼
F	一番茶、直、寒冷紗	ハサミ刈	碾茶炉	粉砕機
G	一番茶、直、寒冷紗	ハサミ刈	モガ製	粉砕機
H	二番茶、直、寒冷紗	ハサミ刈	碾茶炉	茶臼
I	二番茶、直、寒冷紗	ハサミ刈	碾茶炉	粉砕機
J	二番茶、直、寒冷紗	ハサミ刈	モガ製	粉砕機
K	秋番茶、露地	ハサミ刈	碾茶炉	粉砕機
L	秋番茶、露地	ハサミ刈	モガ製	粉砕機
M	粉茶、その他			粉砕機

表3　抹茶の栽培、摘採、製造、加工方法による分類

抹茶とそうでないお茶の分かれ目

「抹茶とは何か」を語るうえで重要なことは、「抹茶であるか、抹茶でないかの境界をどの指標で決定するのか」です。

現在、摘採方法で区別しようという人はほとんどいませんので、問題点は「**露地**」と「モガ製」と「粉砕機」を抹茶と認めるかどうかということになります。

先ほど説明した日本茶業中央会の定義と見解は、露地とモガ製は認めないが、粉砕機は認めるという立場になっています。

監修者は、抹茶の香味を決定づけるのは次の三つであると考えています。一つは栽培において、覆い下栽培と肥料によってつくられる「**覆い香**」とうま味、一つは製造において、堀井式碾茶炉で焙られることによってできる「焙炉香」、もう一つは、加工において、石臼によって挽かれることによりできる「臼挽き香」。つまり、抹茶の定義は、「覆い下栽培」「碾茶炉製造」「石臼挽き加工」とするのが理想と考えられます。

現在、粉末茶に「加工用抹茶」「工業用抹茶」「食品用抹茶」という名称をつけ、本当の「抹茶」と区別している企業が多くあります。しかし、食品の原料として出荷されるときには「加工用抹茶」と表示されていますが、製品となったときの裏面表示からは「加工用」という文字が消え、ただ「抹茶」と表示されるケースがほとんどすべてになっています。

「粉末茶」(＝「加工用抹茶」)が使用されているのに、消費者の目には「抹茶」が使用されていると認識されるという現状になっているのです。

露地
覆いをしないこと。

覆い香
覆いをすることによってつくり出される香りのこと。

抹茶の定義が変わろうとしている

抹茶の歴史は約８００年もありますが、「抹茶」という文字が定価表に出てきたのは、ごく最近のことです。それは、抹茶がわが国に入ってきてから大正時代、昭和初期まで、抹茶という形での商品流通がなかったためと考えられます。

その昔、抹茶は消費者自らが茶臼を廻して**薄葉**を挽いてつくるものでした。鎌倉時代、室町時代の碾茶は露地栽培で、安土桃山時代に覆い下栽培が始められ、露天、覆い下の差はありますが、７００年以上の間、碾茶、薄葉という形で流通していました。

「**茶経**」時代の「末」の文字に手へんがついて「抹」の字になった理由は、茶臼を手で廻して薄葉を挽くことが、長い間世の中の常識だったからと考えられます。

粉砕機が登場するまでの長い間、「**挽茶**」＝「抹茶」が常識でしたが、粉砕機の登場によって挽茶＝抹茶の常識、定義を変更せざるをえない事態になっています。

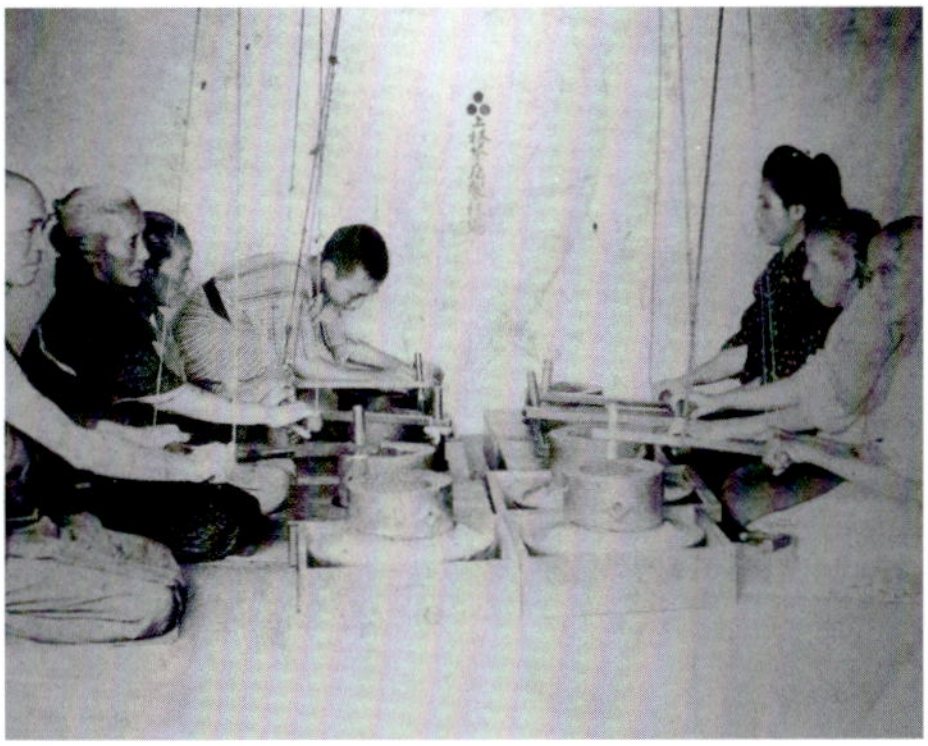

手挽きの茶臼で薄葉を挽く作業（明治末期）

薄葉
碾茶のこと。

茶経
唐の陸羽が著した茶の学術書のこと。

挽茶
碾茶を茶臼で挽いたもの。抹茶のこと。

抹茶の生産地
全国の抹茶生産

平成18年度の碾茶生産地は、生産量の多い順に京都府、愛知県、静岡県、三重県、岐阜県、奈良県、福岡県、鹿児島県、宮崎県、滋賀県、埼玉県の11府県となっています。

昭和60年の碾茶生産地は3府県ですから、ものすごい増加ぶりです。この11府県のうち抹茶の生産手段（茶臼、粉砕機）を持っている府県は、京都府、愛知県、静岡県、福岡県、埼玉県です。

京都府でハサミ刈碾茶が大量に生産されだしたのは、平成8年以降で、それまでは愛知県から大量の碾茶が京都府に流入していました。産地表示問題が起こってからは、愛知県からの流入量は減少していますが、その代わりに近県の奈良県、滋賀県、三重県の碾茶生産量が増加しています。

全国の抹茶生産量は昭和60年以降急激に増加しました。手摘みの生産量はやや減少し、増加したのはハサミ刈の**一番茶**、**二番茶**とモガです。茶臼で挽かれる挽茶も少しは増えていますが、圧倒的に増加したのは粉砕機による粉砕抹茶=加工用抹茶です。

一番茶
その年の最初に製造された茶のこと。

二番茶
一番茶摘採のあと、45日くらいで摘採される二回目の茶。

ハーゲンダッツとスターバックス

昭和20年までの軍需用に使用された抹茶を除けば、時代を追うごとに抹茶生産量は順調に増加していると考えられます。特に昭和60年~平成18年までの抹茶生産量は爆発的に増加しています。この増加の原因は多用途利用のいわゆる加工用抹茶です。特にハーゲンダッツ、スターバックスの日本進出の影響は大きいものがありました。

生産面においては、それまで碾茶を生産してこなかった生産地で碾茶の生産が始まり、二茶碾茶の急増、秋番モガの急増がありました。抹茶製造面においては、茶臼の台数も少しは増加していますが、抹茶生産用の粉砕機が急増しました。

この抹茶生産量の増加傾向がどこまで伸び続けるか、判断が難しいところではありますが、しばらくは伸び続けると考えられます。

コンビニエンスストアで売られている2社の製品

column

お茶屋のこぼれ話1

在来実生

宇治で初めて品種が植えられたのは昭和6年のことです。この頃から、平野甚之丞さん、小山政次郎さん、京都府立茶業研究所によって宇治在来より品種の選抜が行われ、「あさひ」、「駒影」、「さみどり」、「ごこう」、「うじひかり」などの宇治品種が生まれました。現在、宇治碾茶、宇治玉露の品質が日本一でいられるのは、これら宇治品種を生み出していただいた方々の努力のおかげです。

明恵上人が1217年に宇治に茶を分け植えられて以来、茶の木は全て品種ではない在来実生《ざいらいみしょう》でした。そして、良い碾茶玉露は古《こ》木《ぼく》でしか出来ない、古木であるほど良い茶が出来るとされ、宇治、木幡では250年、300年の古園を守ってきました。

在来実生ですから早生、中生、晩生の混在です。色々な芽が一緒では良い茶は出来ないので、江戸時代には「紙付け」といって茶師が早朝に、その日に摘むべき茶の株に目印となる紙札を結びつけておき、「摘《つ》み娘《こ》」がそろった芽を摘めるようにしていました。

現在はほとんどが品種なので、碾茶なら「寺川早生」、「あさひ（ごこう、駒影、うじひかり）」、「やぶ北」、「さみどり」、「おくみどり」の順で、適期に摘める期間が長くなりました。しかし在来園だけだった時代の生産時期の調整は、①茶園の場所の違いによる調整。②覆いを掛ける時期と藁の厚さによる調整。③早く摘むことや遅く摘むことによって茶園に癖をつける、ことくらいしか出来ません。また、茶の旬、摘採適期が2～6日しかないため、現在では考えられないくらい若芽のときから摘み始めたようです。

第2章

抹茶ができるまで

碾茶の品種解説

碾茶の品種を覚えるときは、静岡在来より選抜された「やぶ北」系と宇治在来より選抜された「あさつゆ」系、「宇治品種系」の3本立てが覚えやすいでしょう。

やぶ北系は「やぶ北」、「さやまかおり」、「金谷みどり」、「おくみどり」の4品種。あさつゆ系は「あさつゆ」、「ゆたかみどり」、「さえみどり」の3品種。宇治品種系は「さみどり」、「あさひ」、「駒影」、「ごこう」、「うじひかり」の5品種。以上の12品種を覚えておくと、品種理解が早くなります。

京都では、他の産地と比べて非常に多くの碾茶の品種が生産されています。その理由は、単に茶どころということではなく、京都府で選抜された宇治品種が多く栽培されているためです。宇治品種は宇治在来より選抜された碾茶・玉露に適した品種が多いのが特徴です。代表的なものとしては、「さみどり」、「あさひ」、「ごこう」、「うじひかり」、「駒影」などがあります。宇治品種以外では、「やぶ北」、「さやまかおり」、「おくみどり」、「さえみどり」、などがあります。

品種の覚え方

やぶ北系

静岡在来
⇩
やぶ北
⇩
やぶ北実生
⇩
さやまかおり
やまかい
山の息吹

やぶ北父	やぶ北母
⇩	⇩
金谷みどり	おくみどり
おおいわせ	おくひかり
はるみどり	さえみどり
りょうふう	あさのか
ふじかおり	めいりょく
	そうふう
	ふくみどり

あさつゆ系

宇治在来
⇩
あさつゆ
⇩
あさつゆ実生
⇩
ゆたかみどり

あさつゆ父	ゆたかみどり母
⇩	⇩
さえみどり	おくゆたか
つゆひかり	しゅんめい

宇治品種系

宇治在来
⇩
さみどり
あさひ
駒影
ごこう
うじひかり
京みどり
宇治みどり
京研 283
寺川早生
成里乃

「あさひ」の新芽

さみどり（撮影：池田奈実子）

あさひ（撮影：池田奈実子）

さみどり

手摘み碾茶では最も栽培面積、生産量の多い品種。京都府久世郡小倉村の小山政次郎氏によって選抜された。**晩生**《おくて》で適期が長く、**おさえが利く**。味、香りともに、宇治在来系のうま味を感じる香味である。**反収**も多く、**歩留まり**の悪さを除けば優秀な品種。

あさひ

現在、碾茶品種の中で一番高値で取引される品種。宇治郡宇治村の平野甚之丞氏によって選抜された。早生《わせ》で摘期が短いために栽培面積を増やすことが難しい。摘期を逃がすと品質の低下が著しい。反収も少ないため、価格は高い。葉は薄く、若い芽の香りは抜群。

晩生
やぶ北品種より摘採期が遅いものをいう。早いものを早生（わせ）という。

おさえが利く
覆いをすることによって、茶の葉の染まりが良いこと。

反収
1反（約10a）当たりの収穫高。

歩留まり
荒茶からできる仕上げ茶の割合。

ごこう（撮影：池田奈実子）

うじひかり（撮影：池田奈実子）

ごこう

露地で育てると芋のような香りが強いが、覆い下にすると芋臭さはなくなる。玉露でうま味の強い品種。久世郡宇治町の西村氏の在来種より京都府立茶業研究所が選抜した中生《なかて》の品種。

うじひかり

宇治の在来品種らしくおとなしい。摘期が短いが、旬に摘採、製造された時の品質は高い。久世郡宇治町の中村藤吉氏の在来種より京都府立茶業研究所が選抜した品種。

駒影（撮影：池田奈実子）

やぶ北（撮影：池田奈実子）

駒影

「あさひ」と同じく宇治郡宇治村の平野甚之丞氏が選抜した品種。芽がこまかくて摘み娘さん泣かせ。

やぶ北

静岡品種。ハサミ刈碾茶の栽培面積としては「やぶ北」が一番多く、生産量も一番多い。煎茶品種として優れている。

元々葉の色が黄色く**染まり**が悪い。ハサミ刈の場合、入札の早い時期に出るので品質の割には価格が高い。

おくみどり

葉緑素（クロロフィル）の含有量が多いために挽き色が良い。味は渋味が強く**点前**《てまえ》用には適さず、食品用、加工用抹茶として最適品種である。特に二番茶の「おくみどり」は人気がある。和束町がハサ

染まり
主に碾茶の覆いが良く利き、葉の色が濃い緑色になること。

点前
抹茶を点てること。

ミ刈碾茶の生産地として成功した背景には、「おくみどり」の栽培面積が多かったこと、**かぶせ**の技術が進んでいたこと、近くに宇治があったこと、産地表示問題が起こったことなどが考えられる。

宇治在来

宇治に生えている在来であることから宇治在来。昭和40年代では在来がほとんどだった。一般に、在来はすべて劣っていると思われがちだが、在来でも旬にできた碾茶の中には素晴らしい香味の碾茶があった。同じ生産家の同じ畑の碾茶を**入着**《いれつけ》で扱っていると、10年か15年に1回、素晴らしい出来の年に当たる。入着茶は10年のうちまあまあの年が6、7年、目も当てられない悪い年が3、4年、素晴らしい年が1年あるかないかである。

毎年同じレベルの在来茶をつくるのは品種より難しいが、大当たりの年の在来茶は、品種では真似できない素晴らしさ。

おくみどり（撮影：池田奈実子）

宇治在来（提供：京都府立茶業研究所）

かぶせ
茶の摘採前の1～2週間、昔は藁、菰、現在は寒冷紗などで直に覆いをし、摘採製造した茶のこと。

入着
生産家が毎年同じ畑の茶を同じ茶問屋に納める取引形態。入着制度。

さやまかおり（撮影：池田奈実子）

さえみどり（撮影：池田奈実子）

宇治みどり（提供：京都府立茶業研究所）

さやまかおり

「やぶ北」と同じ静岡品種。「やぶ北」と同じく品質の割に価格が高いなどの難点があるが、生産者にとっては反当たりの収量が多い魅力的な品種。

さえみどり

最近、手摘みもハサミ刈も少しずつ増えてきた早生品種。片親が「あさつゆ」であるが、「あさつゆ」のような芋臭さはない。味はうま味が利きやすい。これから生産量が増えそうな品種。

宇治みどり

京都府立茶業研究所の選抜した品種。味に厭味な渋味がある。

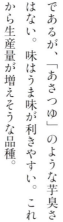

京みどり

京都府立茶業研究所の選抜した品種。芋のような香りが強い。

寺川早生

宇治市の寺川俊男氏が選抜した品種。名のとおり「あさひ」より早い早生である。早生の割に反収が多い。

成里乃《なりの》

宇治市の堀井信夫氏が選抜した品種。うま味は強いが芋のような香りがある。

京みどり（提供：京都府立茶業研究所）

成里乃（提供：京都府立茶業研究所）

碾茶の栽培と製造

1 覆い下栽培

抹茶の原料である碾茶は覆い下茶園で栽培されます。ポルトガル人の教会司祭、ジョアン・ロドリーゲス著『日本教会史』によれば、16世紀後半の天正年間に、宇治においては覆い下栽培が一般化していたのがわかります。覆い下栽培の発明によって、抹茶は様々な面で劇的に変化しました。それまでは色が白く苦渋かった抹茶が、鮮やかな緑色をしたうま味のあるものになりました。茶道が16世紀に隆盛を極めたことも、覆い下栽培の発明と深い関係があるように考えられます。

最初は霜の害を受けないようにと始められた覆いですが、覆いをすることによって碾茶の色、味、香りが露地の碾茶に比べて非常に良くなりました。

お茶のうま味成分であるテアニンなどのアミノ酸類は根より吸収されて新芽に蓄積されますが、露地栽培では、そのうま味成分が日光を浴びて渋味成分であるカテキン類に変化してしまいます。

覆い下栽培では95%から98%の遮光率で日光を遮るため、アミノ酸類がカテキンに変化するのを抑制してくれるため、非常においしい碾茶の味になります。そして、日光を遮られた新芽は少しでも光合成をしようと葉の表面積を広げ、葉緑素（クロロフィル）を増やします。その結果、鮮やかな緑色で葉が薄い、臼で挽きやすい碾茶になります。また、覆いによって、「覆い香」と呼ばれる碾茶独特の芳香が生まれます。

覆い下茶園（本簀と寒冷紗）

鮮やかな緑色をした新芽（本簀茶園）

2 本簀覆

今では宇治でも寒冷紗《かんれいしゃ》といわれる黒い化学繊維による被覆が多くなりました。本簀《ほんず》といって葦簀《よしず》と稲藁を使う覆いは今でも少しは見られますが、下骨《したぼね》からつくっているのは現在では1軒の茶園だけとなっています。そのほかはすべて永久《えいきゅう》棚《だな》といってコンクリート製の柱や鉄パイプでつくった棚になっています。昭和30、40年代に宇治のすべての茶園で行われていた下骨づくりや本簀の風景は今では見られなくなっています。

現在多く見られる「永久棚」

3 下骨、簀上げ、藁ふきの作業

下骨

下骨をつくるには、覆小屋《おいごや》から「ナル」と呼ばれる檜の杭や竹を出し、まずホージといわれる基準の杭を周辺に立てます。立て方はドンツキ（穴突棒）で穴を開け、そこにナルを差し込みます。ホージが立てば、シュロ縄で九尺（約２７２㎝）間隔にナルの位置を決め、立てます。ナルの数は一反（約10ａ）で２４０本になります。

次に、竹をナルに縛ります。高さは１・８ｍ、人が手を挙げた高さです。茶園に平行に、人が乗って藁をふく太い竹の方を通《とおり》といい、人が乗らない細い竹（コロ、コロバカシ）の方を合《あい》といいます。太い竹（通）は50本、細い竹（コロ）は１５０本が必要です。最後に補強のために筋交いを入れます。

下骨

簀上げ、藁ふき

下骨が出来れば簀《す》をその上に乗せておきます。葦簀は一反で300枚が必要になります。霜が降りそうな天候になれば、適当な時期より前でも簀を拡げて霜を防ぎます。

宇治では簀拡げと藁ふきは、お茶摘みまで「簀下十日、わら下十日」といわれています。また、その時期は「雀隠れに簀拡げ、烏隠れにわら拭きや」といわれています。宇治では、茶園の中に柿の木がよく植えられており、柿の新芽に雀がとまり、見えなくなったら簀を拡げ、烏が見えなくなったら、藁をふきなさいという教えです。

昔は、3月中頃から3月末にかけて下骨、4月5日頃に簀上げ、4月15日頃に簀拡げ、4月末に藁ふき、5月10日頃初摘みという流れでしたが、近頃は地球温暖化の影響で少し早くなっています。茶園の周囲に側幕《そくまく》（たれこもともいう）を張れば、覆いの完成です。

葦簀の上に稲藁をふく

4 肥料

露地栽培の煎茶に比べて、覆い下栽培の碾茶には多量の肥料が施されます。窒素肥料を150kg以上も施している茶園もあります。戦前はすべて有機肥料で、現在でも化学肥料の使用量は少ないようです。

江戸時代以前、江戸時代、戦前と、主な肥料は下肥《しもごえ》でした。油粕や魚粕も使われましたが、使用量は少なかったようです。宇治では近隣に京都、伏見があったため、大量の人糞を手に入れることができ、すべての茶園には肥溜《こえだめ》（野壺《のつぼ》ともいう）がありました。人糞を腐らせて、水で薄めて茶畑に撒いていました。現在では下肥は使用されていません。

大正時代の宇治の茶園

5 碾茶の茶摘み

昔も今も宇治の茶園はほとんどが自然仕立てですから、茶摘みはすべて手摘みです。茶摘みは「摘《つ》み娘《こ》」さんと呼ばれる女性の仕事です。宇治では摘んだ新芽の目方によって賃金が払われます。碾茶の摘み方は「**折《おり》摘《づ》み**」と呼ばれる方法です。今では、「摘み娘」さんは近在の女性が主ですが、昔は大和や河内などの地方から、茶摘みの季節だけ季節労働に来る女性も多かったようです。

手摘みの様子

折摘み
手摘み方の一つ。親指と人差し指で茶の茎を折って摘む。

6 碾茶の製造

栄西によって宋の抹茶法が伝えられて以来、碾茶機械が発明される大正時代までの約700年間、碾茶製造は**焙炉**《ほいろ》を使った手製の製造でした。手製の碾茶製造から碾茶機械による製造へ変化したのは大正時代。大正時代には大正8年の竹田式をはじめとして三河式、堀井式、築山式、京茶研式などの碾茶機械が開発されました。

その中でも、堀井式碾茶機械は碾茶の品質が最も優れていて急速に広まりました。現在日本全国にある碾茶機械はすべて堀井式です。碾茶の製造はお茶を揉むという工程がなく、ただ碾茶炉を通すだけなので、非常に簡単なように思われますが、機械が単純なだけに非常に高度な技術と熟練の技が必要になります。

手製時代の焙炉では**助炭**《じょたん》面の温度は120度くらいでしたが、碾茶炉の下段の温度は180度から200度以上になります。このため、碾茶炉で製造された碾茶の品質は、焙炉の碾茶の品質より格段に良くなりました。

7 流通

茶生産家が製造した碾茶荒茶は、茶問屋に納められます。昔は入着といって、生産家の同じ畑の荒茶が毎年同じ茶問屋に売られていました。現在でも、宇治では入着制度が残っていますが、京都府の多くの碾茶荒茶は茶市場で入札販売されることが多くなりました。

焙炉
手揉み製茶に用いる器具。

助炭
四角い木枠に寒冷紗か蚊帳の古くなったものを貼り、その両面に渋柿を塗って仕上げたもの。焙炉の上に乗せて手揉み茶を製造する。

手製時代の焙炉小屋

京茶研式碾茶機械二号機

現在の碾茶炉

現存する最古の碾茶炉

抹茶の製造工程

1 仕立て

碾茶の荒茶を茶臼で挽けるよう、仕立て葉に加工する工程。

1　切断…碾茶荒茶を網で切断する。
廻し**篩**《ふるい》…切断した碾茶を廻し篩機で**葉揃え**する。

2　**唐箕**《とうみ》…葉揃えした碾茶を唐箕にかけて重たい茎、葉柄、葉脈をはずす。

3　乾燥機…唐箕をかけた碾茶を乾燥機で練り乾燥する。

4　選別機…選別機で藁屑、黄葉など選り屑を選別する。

以上の仕立て工程によって、茶臼で挽くことができる仕立て葉ができます。

2 抹茶挽き

仕立て葉を茶臼にかけて抹茶を挽く工程です。現在の茶臼は石臼の直径が33㎝で、1分間に50回転から60回転するものが標準となっています。1台の臼で1時間に約40gの抹茶を挽くことができます。挽き上がった抹茶は60メッシュの抹茶篩でふるい、抹茶の製品になります。

篩
荒茶を仕立てるとき、茶の大きさを揃えるために使う。籐でつくったものもあるが、多くは竹製。一寸角の中にある網目の数でその篩の番を呼び、例えば五目のものを五番と呼ぶ。

葉揃え
茶の仕上げで茶の長さ、大きさ、太さを揃えること。

唐箕
風力によって茶の重い部分と軽い部分を選別する機械。

4.選別機

1.切断・廻し篩

抹茶挽き

2.唐箕

碾茶

3.乾燥機

抹茶加工の道具

1 臼の仕事量

抹茶業者の間では、一般に臼1台あたりの年間抹茶生産量は約100kgといわれています。茶臼1台で1時間に挽ける抹茶の量は、平均して約40g、1日に臼が10時間動くとして、1日の生産量は約400gです。ひと月（25日）の生産量は10kg、1年（300日）の生産量は120kgです。

2 粉砕機

昔から宇治は「粉砕機の墓場」といわれてきました。大正時代に葉売りから挽き売りに変わって以降、宇治の抹茶問屋は、1時間に40gしか挽けない茶臼に代

茶臼の稼働する様子

わるものとして、能率が良くコストも安く、品質の良い抹茶のできる粉砕機を探し求めてきました。

いろいろな粉砕機が試されてきましたが、能率的、コスト的には勝っても、品質的に茶臼に勝る粉砕機は現在でも現われていません。粉砕機の粉砕方法には、ボール粉砕、ハンマー粉砕、気流粉砕などがあり、現在一番多く使われているのは、ボール粉砕機です。

現在全国のお茶屋で何台の粉砕機が稼働しているのかは不明ですが、推定では１００台くらいと考えられます。今日、抹茶として流通している４，０００トンのうち、茶臼で挽かれたものが７５０トン（20％）、粉砕機で粉砕されたものが３，２５０トン（80％）です。

粉砕機

茶臼の歴史と抹茶の品質

1 茶磨

茶磨《ちゃうす》は中国から伝えられたものです。鎌倉時代に栄西が『喫茶養生記』を著し、宗の「抹茶法」を日本に伝えました。鎌倉時代末期（1300年代）以降上流階級で「闘茶」が流行し、この時に使われた茶を粉末にする道具は「唐茶磨《とうちゃうす》」であったと考えられています。

1300年代後半南北朝期の西本願寺「慕帰絵詞《ぼきえことば》」には漆塗りの茶臼の絵が描かれており、この頃、日本では茶臼はつくられておらず、すべて中国から伝来した唐茶磨だったようです。金沢文庫の蔵書に「なによりも、ちゃうすこそ、まづほしく候つれ」とあるように、唐茶磨は非常に入手困難なものだったようです。

茶磨の国産化が進み、権力のある人たちが茶磨をつくらせるようになったのは、15世紀中頃になってから。唐茶磨や日本でつくられた中世の茶臼は、臼周辺部の擦合わせ部分がなく、臼の目が周縁まで達している形でした。手挽き臼で上臼が軽いうえに目が周縁まで達しているため、挽かれた抹茶は相当に粗い抹茶粒子であったと考えられます。

茶磨

2 機械臼

抹茶が手挽き臼から機械臼に移行したのは、今から約１００年前、明治時代末期から大正時代にかけてのことです。

茶臼の機械化第一号は、明治末期、宇治では大正２年８月に宇治発電所が送電を開始して以降、茶臼の機械化が開始されました。

本書の監修者、桑原秀樹氏の臼場では59台の茶臼が廻っています。毎日、朝８時から夜の12時まで16時間稼働しています。１時間に挽ける抹茶の量は、碾茶の品質、仕上げの大きさ、臼の回転数、芯木の太さなど臼の性質によって異なります。

碾茶の品質は、手摘みの上級の碾茶ほど挽きにくく、一番茶ハサミ、二番茶、秋碾と品質が落ちるほど挽ける量は増加します。

仕上碾茶の大きさが大きいと挽きにくく、小さくなるほど挽ける量は増加します。茶臼の回転数は通常尺一（約33㎝）の臼で50～60回転。回転を多くすれば挽ける量が増加し、回転を遅くすれば挽ける量は減少します。

臼によってよく挽ける臼とあまり挽けない臼がありますが、よく挽ける臼で１時間に80ｇ、挽けない臼で25ｇ、59台を平均すると約40ｇになります。１日に挽ける量は35㎏から40㎏で、ひと月に１，０００㎏、１年で1万2，０００㎏の抹茶が生産されています。

茶臼を廻しはじめて、最初の１、２時間は挽けた抹茶が上臼につかず、下に落ちていきます。これは臼が温まっておらず、挽きが粗いためです。茶臼が温まってくると挽ける抹茶の粒子が細かくなって、抹茶が上臼につきはじめます。冷房除湿の利いた臼場においても、茶臼の表

宇治市の桑原善助商店の臼場

面温度は40℃以上となります。一番安定して良い抹茶の挽けるのは夕方から深夜にかけての時間帯です。

手摘みの品質の良い碾茶は挽きにくいものです。1時間に20g以下になると粒子は細かくなりますが、挽き色が白くなり香りが飛んでしまいます。反対に1時間に80g以上挽けると香りは良い代わりに、粒子が粗く挽き色がやや黒ずむようになります。

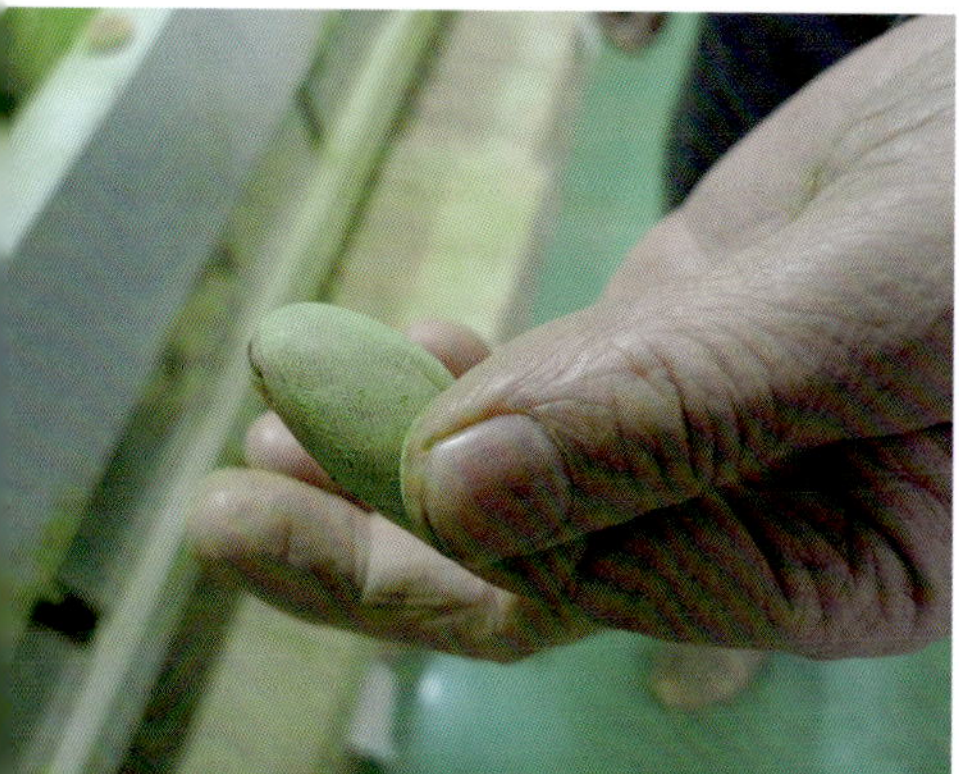

挽き具合は指紋に入り込むかどうかで見極める

「葉売り」と「挽き売り」

　大正時代までは、碾茶を葉っぱの状態で消費者に売っており、抹茶は、点てて飲む人が碾茶を購入し、自ら茶臼で挽いていたのです。栄西の時代から大正時代までの約700年間はこの「葉売り」の時代でした。大正時代から昭和の初期にかけて、葉売りは電動臼の登場によって「挽き売り」へと移行していったのです。

　手挽きの茶臼は、現在宇治の抹茶問屋で使われている機械茶臼に比べて格段に小さいものです。昔は宇治の抹茶問屋で「尺五」や「尺二」と呼ばれる大きな機械茶臼を廻していたところもありましたが、現在の機械茶臼はすべて尺一となっています。尺五や尺二では臼が大きく重たすぎるため、挽いた抹茶が細かくなりすぎて挽き色が白くなり、ダマができやすい欠点があるためです。

　尺一の臼は、直径が1尺1寸（約33cm）あり、上臼の重さが20〜25kgあります。これに対して、手挽き茶臼は直径が18〜25cmで、重さは7〜14kgとなっています。ちなみに、二人挽きの手挽き茶臼の直径は23〜25cmで重さは12〜14kg、一人挽き茶臼の直径は18〜21cmで重さは7〜10kgです。

　手挽き茶臼は上臼が軽いので、葉脈や葉柄に近い分厚い碾茶は挽くことができません。この手挽き茶臼では挽けない部分を煎茶用に使ったのが、「葉物」と呼ばれる出物で煎じ茶として用いられました。葉売り時代の碾茶の仕立ては何種類もの篩と**簸出箕**《ひだしみ》を用い、何回も**手撰り**をかけて丹念に仕立てられていたのです。

簸出箕
大きい箕で、茶を軽い部分と重い部分に分ける道具。

手撰り
茶の茎を手で選ること。

column

お茶屋のこぼれ話2

茶は一本物＝単品で、香り、味、色の三拍子がそろった茶はほとんどありません。またあっても、三拍子そろった茶は値段が高くなります。

そこで、味は濃いが香りと挽き色がもうひとつの茶と、挽き色は良いが味と香りがもうひとつの茶、香りは良いが味と挽き色がもうひとつの茶を合して、三拍子そろった茶をつくるのが、合組《ごうぐみ》の基本、三ツ合《みっつごう》です。うまくいくと、8点＋8点＋8点÷3が8点にならずに、10点や12点になります。失敗して性悪《しょうわる》茶《ちゃ》を仕入れてしまった場合、バランスを取るためにその10倍の茶を犠牲にしなければなりません。各生産地、各生産者、各品種の特徴をうまく合わせることが必要です。

三ツ合で良い茶が合できても、商売上値段があわないことが多々あります。そんなとき、良い合組の香りと味と色を邪魔せず落とさず、値段だけ落としてくれる茶が「落し」です。単体ではこれといった特徴のない価格の安い茶で、花魁茶《おいらんちゃ》とか馬鹿ツ茶と呼ばれます。しかし、良い落しを見つけるのは難しい仕事です。原価1万円の合をするとき、9千円と1万円と1万1千円と値段の近い茶を合するよりも、5千円と1万円と1万5千円を合するほうが良い抹茶になる可能性が高いように思います。（いつも成功するとはいえませんが…）

碾茶の合組

もうひとつ碾茶の合組で重要なのは、古《ひね》の使い方です。抹茶は新《しん》だけではつくれません。どの茶をどの季節に配合し、どの茶を古に残すかは、各問屋の門外不出の企業秘密なのです。

第3章

京都における抹茶の歴史と推移

栄西が抹茶を伝来した12世紀より今日までの碾茶、抹茶の歴史は、京都（昔は山城国）の碾茶、抹茶の歴史とほぼ同じと考えられます。わが国に伝えられた碾茶、抹茶が、どのように発展してきたのかを見てみましょう。

京都府の生産量推移

明治15（1882）年から平成21（2009）年まで128年間の京都府全体の碾茶生産量の推移を調べてみると、非常におもしろい生産量増減の傾向がわかります。

それは碾茶生産量がなだらかな直線状に増減しているのではなく、10年、20年を一つの単位として階段状に増減していることです。この特異な増減の仕方の原因を明らかにすることで、明治以降から現在までの碾茶の生産、製造、加工の歴史を解明することができると思います。

まずは、128年間を碾茶生産量の推移に従って、9期に分けて見ていきましょう（表4）。

表4を見ると、第1期から第4期まで、碾茶の平均生産量は、第1期15トン、第2期41トン、第3期75トン、第4期122トンと階段状に順調に増加しています。反当たりの生産量は第1期41kgから第2期58kgへと大幅に4割以上伸びていますが、第3期、第4期は61kg、69kgとあまり伸びていません。碾茶の生産製造方法に大きな変化があったのは第3期で、製造が手製から機械製へ、販売が葉売りから挽き売りへと移行した時期です。第4期は122トンの生産量で第3期に比べ、1・6倍と大幅に生産量が伸びていますが、これは軍需用抹茶によるところが大きいためです。

第2次世界大戦の敗戦によって、第5

期	期間	年代	碾茶生産量	抹茶生産量	反当生産量	全生産量	全茶園面積
第1期	22年間	明治15（1882）～明治36（1903）年	15t	7t	41kg	1,991t	2751町
第2期	11年間	明治37（1904）～大正3（1914）年	41t	20t	58kg	1,715t	1908町
第3期	20年間	大正4（1915）～昭和9（1934）年	75t	37t	61kg	1,712t	1501町
第4期	10年間	昭和10（1935）～昭和19（1944）年	122t	79t	69kg	1,755t	1325町
第5期	6年間	昭和20（1945）～昭和25（1950）年	45t	29t		704t	638町
第6期	13年間	昭和26（1951）～昭和38（1963）年	81t	52t	73kg	1,830t	1085町
第7期	21年間	昭和39（1964）～昭和59（1984）年	112t	72t	88kg	3,216t	1405町
第8期	11年間	昭和60（1985）～平成7（1995）年	200t	140t	85kg	3,087t	1517町
第9期	14年間	平成8（1996）～平成21（2009）年	517t	362t	78kg	3,016t	1490町

表4　京都府の碾茶生産量の推移（※参考　平成25年京都府碾茶生産量は1,164t）

期	摘採方法	蒸し方	製造方法	品種	販売
第1期	手摘み	手蒸し	手製	在来	葉売り
第2期	手摘み	手蒸し	手製	在来	葉売り
第3期	手摘み	手蒸し	手製、機械製	在来	葉売り、挽売り
第4期	手摘み	手蒸し	機械製	在来	挽売り
第5期	手摘み	手蒸し	機械製	在来	挽売り
第6期	手摘み	手蒸し、機械蒸し	機械製	在来	挽売り
第7期	手摘み	機械蒸し	機械製	品種10～60%	挽売り
第8期	手摘み、ハサミ刈	機械蒸し	機械製	品種60～80%	挽売り
第9期	手摘み、ハサミ刈	機械蒸し	機械製	品種80～88%	挽売り

表5　京都府の碾茶生産製造方法の推移

期の生産量は第2期の生産量に逆戻りしますが、おもしろいことに、第5期45トン、第6期81トン、第7期112トンと、第2期から第4期の増加とほぼ同じく、階段状に増加しています。反当たりの生産量は第6期73kg、第7期88kgと伸び、第1期の2倍になっています。この時期、生産製造方法の変化は、第6期に手蒸しから機械蒸しになったことと、第7期にそれまではすべて在来だった茶園で品種化が始まったことが挙げられます。

　時代が平成に変わり、生産量は第8期200トン、第9期517トンと劇的に増加します。増加の原因は、茶道ではなく多用途利用によるものです。平成25年には1,164トンと、ついに1,000トンを超えました。生産製造方法の変化（表5）としては、品種率の増加と、碾茶の主役がハサミ刈に変わったこと、二茶碾茶が増加したことです。また、抹茶の生産方法がそれまでの茶臼だけではなく、粉砕機による抹茶生産量が急激に増加しました。

　それでは、次のページからは時代ごとに京都における抹茶の歴史を細かく解き明かしていきましょう。

大正9年発行「京都茶業界」。京都府茶業組合連合会議所が発行した茶業界雑誌。

歴史①　抹茶の伝来・南北朝〜室町時代

1「本茶」と「非茶」

南北朝時代から室町初期にはお茶を飲み比べる闘茶がたいへん流行しました。**闘茶**には「本茶」と「非茶」と呼ばれる茶が使われ、本茶は現在の京都市右京区にある栂ノ尾《とがのお》産の茶でした。南北朝期に書かれた『異制庭訓往来《いせいていきんおうらい》』には、「我が朝の名山は栂尾を以て第一となすなり。仁和寺、醍醐、宇治、葉室、般若寺、神尾寺は是れ補佐たり。此の外、大和室生、伊賀服部、伊勢河居、駿河清見、武蔵河越の茶、皆是れ天下の指して言うところなり。仁和寺及び大和伊賀の名所を処々に比するは、瑪瑙を以て瓦礫に比するが如し。又、栂尾を以て仁和寺醍醐に比するは、黄金を以て鉛鉄に対するが如し」と記されています。栂尾茶が日本一の茶として「本茶」とされ、それ以外の産地の茶は「非茶」とされたのです。

2 明治時代には栂ノ尾に茶園があった

現在、その栂ノ尾には茶園は存在しません。栂ノ尾高山寺の境内にある「日本最古の茶園」は後世になってつくられたものです。栂ノ尾のある旧梅ヶ畑村は仁和寺のある宇多野福王寺から周山街道を3kmほど北西に入ったところに位置しています。旧村内を流れる清滝川の両岸はすぐに険しい山であり、広い茶園がつくれそうな平地は見当たりません。

日本における最古の地形図、明治21

闘茶
茶歌舞伎のこと（P115に詳細解説）。

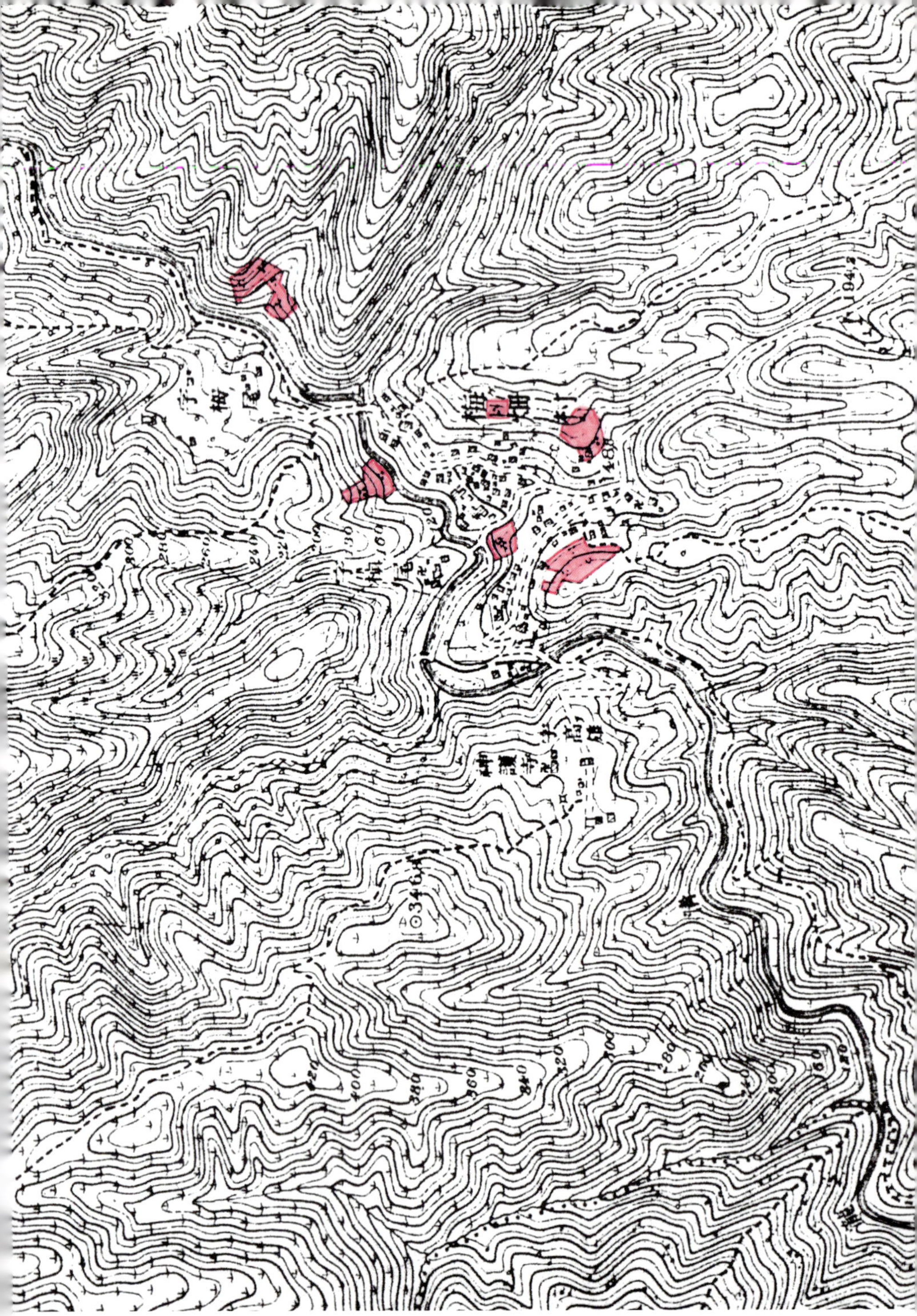

図1　明治21年の京都府山城国葛野郡梅ヶ畑村、栂ノ尾高山寺付近の地図。色つきの箇所が茶園

（１８８８）年より陸軍省陸地測量部により測量作成された「２万分の１仮製地形図」を見てみましょう。この地形図の京都西北部には、栂ノ尾がある梅ヶ畑村が記載されています。地形図を拡大してみると、清滝川の左岸に１か所、右岸に５か所の合計６か所の茶園が確認できます（図１）。

現在、栂ノ尾高山寺の駐車場横に立てられている観光案内図によれば、右岸の５か所の茶園のうち、一番北に位置する茶園が深瀬三本木茶園跡と標されています。平地が少なく平坦な茶園をつくるのが不可能な梅ヶ畑村において、山の斜面にある６か所の茶園が明治になってから開かれたとは考えられず、江戸時代から存在していたと考えるのが妥当と考えられます。

山の中腹あたりが深瀬三本木茶園跡。今はたどり着けなくなっている

歴史② 茶道の隆盛・安土桃山時代

1 ポルトガル人の見た宇治

次に、安土桃山時代について見ていきましょう。

碾茶、抹茶の数量的資料となる最初の書物は、ジョアン・ロドリーゲスの著した『日本教会史』です。

ポルトガル人のジョアン・ロドリーゲスは、天正5（1577）年から慶長15（1610）年まで34年間日本に滞在し「通事伴天連」と呼ばれた人物です。著作である『日本教会史』には16世紀末より17世紀初頭の宇治の姿が書かれています。一部を抜き出してみましょう。

「ところで、これほど有名で評判の高い茶は、小さな木というよりは灌木に属する。……両面とも緑色であるが、一年を通じて落葉しない。そして使用に供せられる新芽は、非常に柔らかく繊細で極度に滑らかで、霜にあえばしぼみやすく、害をこうむるので、主要な栽培地である宇治の広邑では、この茶の作られる茶園なり畑なりで、その上に棚をつくり、葦か藁かの蓆で全部をかこい、二月から新芽の出始める頃まで、すなわち三月の末まで霜にあたって害を受けることのないようにする。これから述べるような利益がそこから上がるためと商取引が莫大なので、霜害を防ぐことに多大の金額を費やす」（岩波書店版より）

これを見ると、覆いの目的が「霜の害を受けることのないように」の一点で解釈されていますが、山間の茶や木の陰で育つ茶、藪の北側の茶の方が、日光をよく受ける茶の木よりも良い品質の茶ができることから、日陰の効果を生産者は元から知っていたと考えられます。覆いにしても、最初からロドリーゲスが見たような棚をつくったのではなく、茶の木に直接藁を被せたものだったのでしょう。『日本教会史』を追っていくと、この時代の手製碾茶の製法は、基本的に昭和初期まで行われていたものと同じです。また、灰を使ったアルカリによる色着け製法がこの時代から行われていたことに驚かされます。

2　手作業による精製

碾茶を仕上げる精製の度合いで、茶の等級や品位を選り分けるということは、現在では行われていません。しかし、茶の木がすべて**在来実生**で、仕上げ、茶撰を手作業で行っていた時代には精製によって、お濃茶とお薄を選り分けていました。在来種の場合は「**紙付け**」をして、同じ芽合いの茶の木を選んで茶摘みをしても、若い芽と硬い芽が混じり合い、なかなか均一な茶はできませんでした。そこで、仕上げ、**茶撰**の段階で、裏白、銀葉などの硬い葉と、鷹の爪のように巻いてしまう若い芽を除いた、いわば二葉目、三葉目の葉の先と葉の元を取り去り、中ほどの良い部分だけを簸出《ひだ》してお濃茶用の碾茶に仕立てたのです。

3　碾茶は高価なものだった

『日本教会史』には、「全国の貴人、金持、領主のため」と記されていて、宇治の抹茶は一般庶民のためのものではなかったことがわかります。

在来実生
品種でない茶のこと。

紙付け
江戸時代頃まで、茶摘みの季節になると宇治茶師は毎朝茶園を見回って、その日に摘めばちょうど良い木に紙で印を付けていた。

茶撰
茶の茎や黄葉を選り分けること。

現在、碾茶や抹茶やそのほかの緑茶に等級や品位はつけられていませんが、江戸時代までは、碾茶はその品質によって等級がつけられ、その等級によって価格が決められていました。

江戸時代に入ると、茶園に覆いをかけることは宇治郷にしか許されなくなりますが、安土桃山時代には周辺の村にも覆いが許されていたようです。しかし、その周辺の村でつくられていた碾茶は、取引価格から見ると上級ではなく一つ下のランクの碾茶であったことがわかります。

また、宇治郷の茶が「貴人、金持、領主」のための茶であるのに対して、周辺の茶は「教養のある人が日常使うのに買う」茶であったようです。

大正時代の茶撰り風景

歴史③　武家の茶・江戸時代

江戸時代に入って慶長～寛文年間は、信長、秀吉の時代に引き続いて、抹茶の盛んな時代でした。武家社会では、茶道の修得が武道修行にもまさる処世の道になっていました。そのため、幕府をはじめ各大名は争うように宇治に**茶壺**を送り碾茶を求めました。幕府は碾茶製造のための覆いを宇治茶師三仲ケ間《さんなかま》にだけ許可し、そのほかの地域の覆い下栽培を禁止しました。

1　御茶師

江戸時代初期、碾茶を生産するための覆下茶園は約50家の宇治の御茶師にしか許されませんでした。御茶師には三つの仲ケ間と呼ばれる種類がありました。

①御物御茶師

「御物御茶師《ごもつおちゃし》は、将軍が直用する茶を御物御茶壺に詰めると共に、将軍から朝廷へ献上する茶や、東照宮をはじめ徳川将軍家の祖先、歴代将軍の霊廟へ奉納する茶などを調進する役割を持ち、宇治茶師のうち最も格の高い地位にあった茶師である」（『宇治市史』）

御物御茶師の数は最初８家でしたが、元禄年間以降11家になりました。

②御袋御茶師

「御袋御茶師《おふくろおちゃし》の「御袋」という名称の由来は、元和元年（１６１５）の大阪夏ノ陣の直後に、宇治の茶師９名が徳川氏の

茶壺
茶の保存に使用する壺のこと。茶櫃（缶櫃）が出来るまでは、茶壺の使用が多く、信楽焼が多かった。

戦勝を祝福していちはやく新茶二袋宛を献上したことによる」（『宇治市史』）

江戸時代を通じて、御袋御茶師の数は9家を保っていたようです。

③御通御茶師

「天正10（1582）年の本能寺の変に際して、たまたま小人数の供人とともに堺にいた家康は、急遽虎口を脱して三河へ逃れんと河内、南山城を経て信楽から伊勢へ越えた。宇治茶師三仲ケ間のうち最も低い地位にあった御通御茶師《おとおりおちゃし》の名称起源は、そのとき、宇治茶師河崎徳意の祖佐衛門が上林掃部丞らと共に木津川畔から信楽まで間道伝いに道案内をしながら家康を守ったという功績が伝えられ、〝無事御通りあそばされた〟との意味を以て御通御茶師と名付けられて、御用茶の調進を命じられたことに始まる」（『宇治市史』）

御通御茶師の家数は変動が激しく、資料によると寛文9（1669）年には33家、延宝3（1675）年には35家、正徳3（1713）年には37家、文化元（1804）年には14家となっています。

2 平茶師と御控茶師

茶園の覆い下栽培は、宇治茶師三仲ケ間に所属するものに限って許可されていましたが、多くの災害の経験から、非常時に備えてしだいに宇治近在の百姓が栽培する茶園にも覆掛けを許すようになりました。そのときに許可を受けた「平茶師《ひらちゃし》」、「御控茶師《おひかえちゃし》」という身分もできました。

平茶師の数は多いときには39名を数えましたが、その後削減され7家になりました。

3 碾茶の出荷先

宇治茶師三仲ケ間と平茶師を含めた宇治茶師が詰めた茶壺の行き先は、幕府、諸大名、神社、寺、茶道家元などで、最大の出荷先は江戸幕府でした。

この時期、幕府には幕府御用茶、朝廷には朝廷御用茶を納めていて、各宇治茶師は日本全国の諸大名のお抱え茶師として、扶持を受けたり、その藩で特権を与えられたりしていました。

4 碾茶生産量

茶園面積と反当り碾茶生産量から江戸時代の碾茶生産量を推考してみましょう。

江戸時代の慶長～寛文年間における宇治郷の茶園面積は不明ですが、江戸時代を通じて宇治郷の茶園面積はあまり変わっておらず、慶長～寛文年間も約100町と見ることができます。寛文年間までの反当り碾茶荒茶生産量が30kgであることから、30kg×100町＝30トンです。よって、慶長～寛文年間の宇治郷の碾茶生産量は15トンで、碾茶荒茶生産量は30トンであると推論できます。

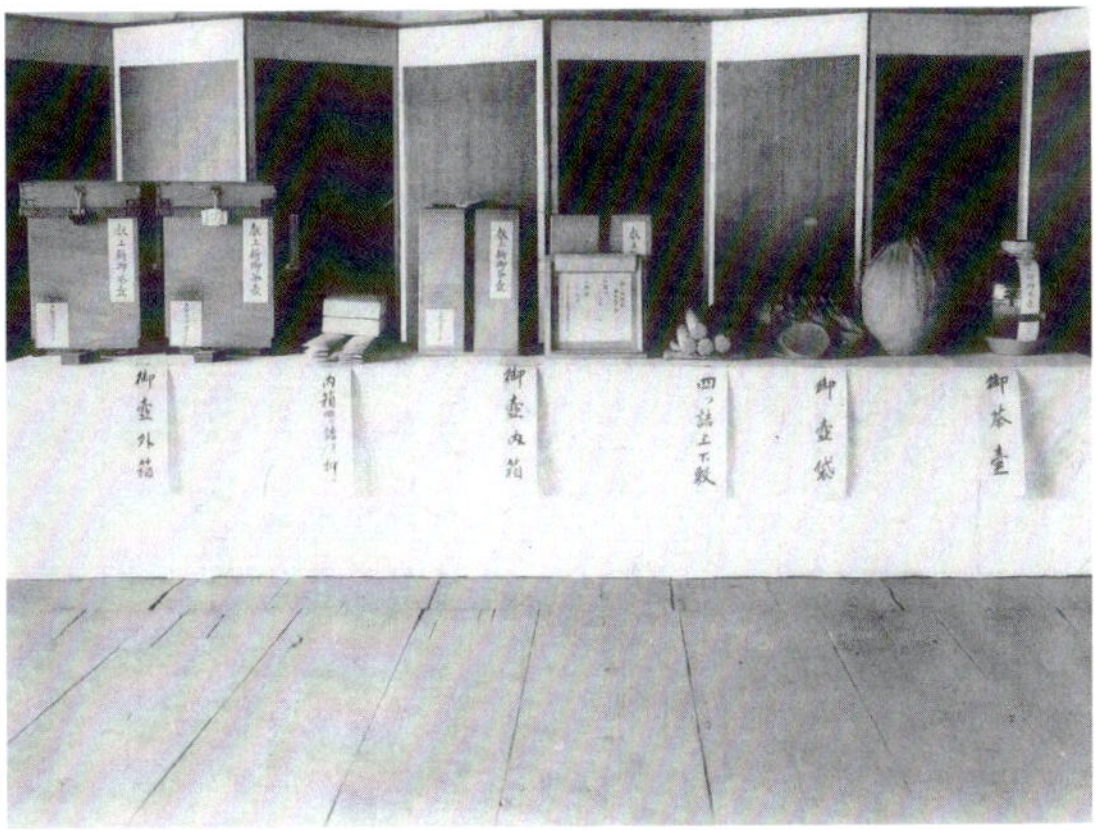

茶壺

歴史④ 開国と茶業の近代化・明治時代

1 茶師の没落

江戸時代の宇治茶業は、幕府や諸侯に保護された茶師のもと、碾茶の生産を中心に行われました。碾茶は茶道に使われ、茶道は大名をはじめとする武士階級や公卿ばかりでなく、町人の間でもしだいに盛んになっていきました。

しかし、明治維新によって幕藩体制が崩壊し、宇治の茶師はその特権とともに、碾茶の販売先も失っていきました。武士階級とともに茶人も没落していったのです。また、文明開化の影響で、旧来の茶の湯に対する世人の関心は薄れ、茶道は衰退を余儀なくされました。それにともなって、多くの茶師は廃業、没落し、宇治の碾茶生産も不振に陥ったのです。

碾茶生産量の一番古い統計資料に、明治5（1872）年の「郡分茶製高取調書」があります。これによれば、明治5年の碾茶生産量は宇治郡、久世郡、綴喜郡の総計で4，153㎏とあります。この4，135㎏という数字は、明治維新後の文明開化、洋風化のなかでも、碾茶荒茶の需要があったことを示しています。

2 京都府製茶産額

明治4（1871）年以降の京都府総生産量によれば、明治4（1871）年に408トンだった生産量が、3年後の明治7（1874）年には2倍の854トンに増加し、8年後の明治12（1879）年には5倍の2003トンまで激増していることがわかります（表６）。

この増加の原因は茶の輸出によるものです。嘉永６（１８５３）年ペリーによって鎖国の眠りから目を覚まされた幕府は、安政６（１８５９）年６月２日に横浜港を開港。茶は生糸についでわが国第２位の輸出品となりました。慶応３（１８６７）年には神戸港も開港され、関西でも茶の輸出が開始されました。煎茶が輸出茶という花形商品になり、煎茶の海外輸出増加が、明治４（１８７１）年以降の京都府における茶園反別の激増、茶生産量の激増を引きおこしたのです。

このことは、明治12（１８７９）年に横浜で開催された第１回製茶共進会の報告書でも山城国宇治郷の製茶について、次のように書かれています。

「元来、碾茶、玉露、池尾煎茶がつくられたが、嘉永以降貿易の道が開けて煎茶の海外輸出が増加し、茶業の一大変動が生じた。さらに維新以後、世人の嗜好も一変し、碾茶の需要は全く衰状をきたし、それに対して玉露と池尾茶は、かえって生産額が日々多くなっているのである」（『宇治市史』）

３　茶畑面積の推移

明治16（１８８３）年の統計資料の中に「毎郡区茶畑比較表」という資料があります。その中の「茶畑年度」表（表７）には、明治16年の各郡の茶畑面積が記載され、その各郡茶畑が何年前に何町新植されたのかが記されています。この表によって、明治６（１８７３）年の茶園面積とその後10年間の増加反別を見てみましょう。

それによれば、明治６年の茶園面積は１５９５町で、綴喜郡、宇治郡、久世郡、紀伊郡の４郡で京都府茶園面積の70％を占めています。平成18（２００６）年の茶園面積が１５３３ha（１４６７町）ですから、明治６年の茶園面積は現在より多かったということがわかります。11年後の明治16年の茶園面積は２４１２町とあり、この10年間の増加反別は８１７町で、海外輸出用の煎茶園が増反されたことが読み取れます。

また「茶畑年度」表によれば、明治６年、７年の２年間に３９３町もの茶園が増加していて、これはものすごい造園ぶりです。このことは、明治政府、京都府の力もありますが、茶が商品になるということが農家にとっていかに魅力的であったかを示しています。

明治４年	明治５年	明治６年	明治７年	明治８年	明治９年	明治10年	明治11年	明治12年
408t	624t	774t	854t	994t	1324t	1640t	1859t	2003t

表6　明治4（1871）年以降の京都府製茶産額の推移

	綴喜郡	久世郡	宇治郡	相楽郡	紀伊郡	葛野郡	乙訓郡	両丹８郡	京都府
明治６年	438	255	267	72	154	94	50	196	1595
明治16年	688	338	305	240	162	145	101	335	2412
増加分	250	83	38	168	8	51	51	139	817

表7　明治6年から明治16年までの京都府茶園面積の推移（単位：町）

歴史⑤ 機械化の波・大正時代

1 大正時代の抹茶事情

この時代の抹茶の販売および消費状況を、「日本内地に於ける製茶販売の状況」（大正15年）という資料から読み解くことができます。

この資料は、茶業組合中央会議所が内地向茶商三百数十名に照会した回答集で、北海道4店、東北6店、関東11店、東海23店、北陸中部11店、近畿21店、中四国13店、九州9店の合計98店よりの報告が掲載されています。このうち、碾茶、薄茶を販売していた茶業者について見ていきましょう。

大正10年代における消費者の嗜好の変遷についての回答例（「日本内地に於ける製茶事情」）

①再火入れの過度に強き物を嗜好するの傾向になれり。（長野市、蔦屋本店）

②最近に至り、「ほうじ」茶の需要をこりて非常の勢を以て進めり。（武州狭山、繁田園本店）

③近年玉露よりも並茶、並茶よりも外国茶の需要増加多大なり。（日本橋区、三越呉服店茶部）

④玉露煎茶は漸減して碾茶の嗜好増加の傾向あり。（名古屋市、升半茶店横井半三郎）

⑤玉露は漸次減退し之に代りて碾茶の需要漸増の傾向なり。（京都市、渡辺一保堂茶舗）

⑥薄茶、濃茶類は殊に一両年前よりその使用増加し年々倍加の売行を見つつあり。

（和歌山市、玉林園）

98店のうち碾茶（薄茶、抹茶）を販売しているのは、25店。各店の回答より玉露が減りだし、碾茶が増えだしたことは確かなようです。また、多くの店が「抹茶」とではなく、「碾茶」「薄茶」と回答しているところから、大正10年代においても、まだ「抹茶」の形での流通ではなく、「碾茶」の形の「葉売り」であったことが確認できます。

2 手製から機械化へ

大正4年から昭和9年までの時期は、碾茶にとって大きな変化が起こった時期でした。一つは碾茶の製造がそれまでの焙炉での手製から、機械製に変わっていった時期だったこと。もう一つは、碾茶の販売が「葉売り」から「挽き売り」に変わりはじめた時期だったことです。

揉み茶の製茶機械は、明治18（1885）年に高林謙三が緑茶製造機械を考案し特許を得たのをはじめ、明治中頃から次々と発明、考案されました。しかし、品質的に手揉みには遠く及ばず、京都府では粗揉機のあとは手で揉むといういわゆる「半機」の時代が長く続いていました。

その後、第1次世界大戦（大正3〔1914〕～4年〔1915〕）による経済的影響を受けて諸物価、労賃が高騰し、労働力不足も相まって、大正中期には機械化が促進されることとなりました。それまですべて手製であった碾茶の製造も機械化する必要に迫られることになったのです。

3 様々な碾茶機械の登場

この時期に考案された碾茶機械は以下のものです。

①竹田式碾茶機械

久世郡小倉村の西村庄太郎と静岡市の竹田好太郎が大正８（１９１９）年に考案。２段金網の送帯式で、京都府下では６台が使用されました。

②三河式碾茶機械

愛知県碧海郡高岡村の山内純平が大正９（１９２０）年に考案。当初は簡易手送り式でした。京都府でも昭和９（１９３４）年度に18台つくられています。

③堀井式碾茶機械

久世郡宇治町の堀井長次郎が大正13（１９２４）年に考案した碾茶機械。大正14（１９２５）年には９台が設置されました。昭和３（１９２８）年には風力による吹上げ給葉装置も考案しています。

現在、全国にある碾茶炉はすべて堀井式碾茶機械です。

④築山式碾茶機械

紀伊郡伏見町の築山甚四郎が大正14（１９２５）年に考案。電熱線を利用した機械でした。

⑤京茶研式碾茶機械

京都府立茶業研究所の浅田美穂らの考案で、大正15（１９２６）年に1号型が完成、実用化されました。熱源は電熱機でした。

現在、現役で稼働している碾茶機械のうち一番古いものは、大正14（１９２５）年につくられた宇治の山本栄次郎の炉だと思われます。

表８に見られるように、昭和に入ると急激に碾茶機械が増加しています。揉み茶が手揉み製から機械製に変わってその品質が悪くなったのに対して、碾茶の場

合は逆に品質が良くなったことも増加の大きな要因であったと考えられます。

4 半機

次に、手製（手揉み）から機械製への移行を示す資料を見てみましょう。

一番最初に普及しだした機械は、手揉みで一番重労働である粗揉機《そじゅうき》。その次に普及しだしたのは精揉機《せいじゅうき》で、当時は粗揉機から揉捻機《じゅうねんき》、中揉機《ちゅうじゅうき》を飛ばして精揉機へ送る機械製茶も多かったようです。表9のように大正12（1923）年でも、全機械製は18%と低く、手揉み製茶からすぐに機械製茶に移行したのではなく、20~30年の年月がかかっていることがわかります。

製茶機械そのものが、輸出主導型の静岡煎茶のために制作された機械であって、品質重視の宇治茶生産には適さない機械も多かったことも一つの原因と考えられます。そのため京都では、昭和5（1930）年に製茶機械統制審議会がつくられ、昭和6（1931）年度より

年次	台数
大正 12 年	5
大正 13 年	5
大正 14 年	13
大正 15 年	17
昭和 2 年	23
昭和 3 年	26
昭和 4 年	35
昭和 5 年	41
昭和 6 年	58
昭和 7 年	79
昭和 8 年	85
昭和 9 年	93
昭和 10 年	99
昭和 11 年	101

表8　京都府の碾茶機械台数の推移（『製茶機械と製茶工場設備に就いて』浅田美穂より）

年次	手揉	半機	全機
大正 5 年	67%	30%	3%
大正 6 年	62%	33%	5%
大正 7 年	54%	40%	6%
大正 8 年	52%	39%	9%
大正 9 年	44%	41%	15%
大正 10 年	39%	43%	18%
大正 11 年	38%	44%	18%
大正 12 年	42%	40%	18%
昭和 4 年	20%	33%	45%
昭和 8 年	7%	48%	45%

表9　手揉みから全機への移行期における手揉み、半機、全機の割合

	茶商人数	生産家数	覆下園数	煎茶園数	合計	碾茶	玉露	製茶産額計
宇治郡	19	280	126	74	201	55t	19t	179t
久世郡	71	421	130	71	202	41t	73t	261t
綴喜郡	56	1212	77	421	498	7t	60t	690t
紀伊郡	33	56	33	8	42	14t	24t	52t
京都市	167	8		1	1			
相楽郡	193	1652	9	413	422		13t	707t
合計	669	3888	386	1165	1552	118t	205t	2106t

表10　昭和5（1930）年度京都府製茶統計表（京都府茶業組合聯合会議所調査）

製茶機械統制が始まったのです。

5 茶商人

現在、京都の茶業組織は、茶生産者は京都府茶生産協議会、茶業者は京都府茶協同組合に組織され、両者の協議組織として京都府茶業会議所があります。大正～昭和初期当時は、茶生産者も茶業者も各郡別に各郡茶業組合に組織され、各郡茶業組合の協議指導組織として京都府茶業組合聯合会議所がありました。

明治20（1887）年に茶業組合規則が公布され、茶業組合取締所は茶業組合聯合会議所と改められ、荷票制度が発足しました。茶業組合取締所は、茶輸出激増にともない増加してきた粗悪茶、不正茶の取締まりのために明治17（1884）年に設置された組織です。これによって、全国の茶の製法が宇治製法に統一され、全国各地にあった様々な番茶が姿を消す一因になりました。

表10によれば、昭和5（1930）年の茶商人の数は、669名。現在、京都府茶協同組合に加入している茶商は約150社で、そのほか加入していない小売店を加えても250社くらいと思われます。つまり、現在より約400名以上多い茶商人がいたことになります。

相楽郡の茶商人の多くは茶仲買人（サイトリ）と呼ばれる人たちであり、京都市、宇治郡、久世郡の茶問屋に煎茶を斡旋していました。京都市の茶商人の多くは小売店で、茶商人の少ない宇治郡（木幡）には、地元の問屋のほか、金沢の林屋、名古屋の升半横井、京都市のちきりや秋山、大阪の先春園、東京の山本山など各地の有力茶商が茶園を経営し、宇治茶の仕入所を置いていました。

6 碾茶の多用途利用

この時期においても、碾茶（抹茶）の消費の主役は茶道用でした。しかし、宇治アイス、宇治清水、和菓子など他用途への利用も少しずつ始まっています。

昭和７（１９３２）年、京都府立茶業研究所は、碾茶に関する研究の一部として新用途および加工に関しての研究発表を行っています。そこには、研究成果として宇治清水、宇治ホット、宇治アイスクリーム、宇治アイス、宇治チューインガム、宇治チョコレートのレシピが発表され、「コーヒー、ココア、紅茶等の輸入防退国産愛用上よりするも甚だ重要なるものがあらふ」と記されています。「輸入防退国産愛用」の言葉から、戦争が近づいているのが感じられます。

この中でおもしろいのは「宇治チューインガム」。

「前所長田辺貢技師の創製に係り水無くして茶を噛む噛茶の研究より之れが一例としてゴムと結合したもので水分の浸入、酸化による渇色等の化学的変化を防止し碾茶特有の香味を保留したるもので夥しいチューインガムの輸入を防退すべく日本宇治茶貿易商会に於て商品化し販売しつつある」と解説されています。

また、このほかには「ソフト茶、グリーン、宇治風味、宇治の素、文化の宇治、薄茶糖、話し草、宇治あられ、茶だんご、茶羊羹、茶蕎麦、茶飴、オウス」が紹介されています。「宇治の素」「文化の宇治」「話し草」とはどんな製品だったのでしょうか。

歴史⑥　戦争と技術革新・昭和時代

1 忘れてはいけない「堀井式碾茶炉」

表11に示されるように、昭和10（1935）年の碾茶炉の数は99台となっています。大正13（1924）年に堀井式碾茶炉が考案されてわずか11年で、京都府で99台の碾茶炉が設置されたことになり、これは現在の碾茶炉の数とほぼ同じ数です。

1年間に10台というハイペースで堀井式碾茶炉が普及したということは、労働力不足という背景とともに、この碾茶炉で製造された碾茶が手製碾茶に比べて経済的にも品質的にも格段に良かったことの証明といえます。

揉み茶の製茶機械は、古くは高林式、望月式、八木式、伊達式、橋本式など様々な種類があり、現在でも川崎式、寺田式と名前がついていますが、碾茶機械には何々式と名前がついていません。その理由は、今全国にある約190台の碾茶炉がすべて同じ形式の堀井式碾茶炉だからです。

碾茶を生産する人、抹茶に携わる人は堀井長次郎の名前を忘れてはならないと思います。

2 戦時茶業＝軍需製茶

昭和10（1935）年～19（1944）年の10年間は、碾茶生産も第二次世界大戦の影響を受けることになります。京都府の碾茶生産量も、最高の年が昭和17

京都市	宇治郡	久世郡	綴喜郡	京都府合計
17台	26台	45台	11台	99台

表11　昭和10（1935）年の碾茶機械（碾茶炉）台数

（１９４２）年の１９５トン、最低の年が昭和11（１９３６）年の89トンと2倍以上の差がみられます。そして、太平洋戦争まっただ中の昭和17（１９４２）年に過去最高の碾茶生産量１９５トンを記録し、碾茶生産はもちろん、茶業界全体が戦時体制に組み込まれていたことの証明といえます。

戦時下の食糧増産体制の中で、多くの茶園が食糧用畑に変わっていきました。昭和12（１９３７）年には堀井式碾茶機械を利用して、馬鈴薯などの野菜乾燥実験も行われています。

昭和15（１９４０）年には１４０７町あった茶園反別が、戦争突入の昭和16（１９４１）年には１０９４町まで減少。昭和19（１９４４）年には、農商省が決戦非常措置の一環として空閑地における蔬菜、穀物の栽培強化を指令し、京都府は南山城の茶園１２０町歩を台刈りしてそこに大豆を蒔きつけるように呼びかけています。

また、肥料、燃料などの物資や労働力が不足するなかで、「戦時製茶法」と呼ばれる簡略化された製法で煎茶が製造されました。戦時下ということで煎茶も碾茶もその品質よりも生産量に重きがおかれたのです。昭和16（１９４１）年には茶の公定価格制度も始まっています。このように茶園が減少していくなかにあって、なぜ碾茶生産量は増加したのでしょうか？

3　軍需品としてのお茶

昭和10（１９３５）年～19（１９４４）年の10年間の平均碾茶生産量は１２２トンと、大正4年～昭和9年の１・６倍も増加しています。戦時下にあって、茶道用抹茶が増加したとは考えられず、また抹茶アイスや和菓子など多用途利用の増加も考えられません。この増加の原因は軍需品としての利用です。

軍部は茶の持つカフェイン、ビタミンC、葉緑素などを、将兵の疲労回復、ビタミン類の補給、眠気覚ましに利用するため、茶を軍用基本糧食に選定しました。昭和10（1935）年には農林省が京都府立茶業研究所に「新製茶」創製に関する研究を命じています。この研究の本質は茶の軍用利用の研究といえます。結果、新製茶として発表されたのは、「高圧賦形茶《こうあつぶけいちゃ》」「擂潰賦形茶《らいかいぶけいちゃ》」「抹茶錠《まっちゃじょう》」と呼ばれるものでした。

また、民間でも「C豊抹」という新製品が生み出されています。これは、軍の要望に応えた林屋新兵衛、小山政次郎らが抹茶にヒントを得て、冬期に伸びた茶葉を微粉末にしたもので、ビタミンC、葉緑素が安価で摂取できるもので、潜水艦、潜航艇乗員の栄養補給用に海軍に納入されました。

4 戦後復興と抹茶

昭和20（1945）年以降の資料を見ると、戦争により茶園面積は戦前の約50%に、全生産量は約40%に激減、碾茶生産量も戦前の約3分の1にまで激減しましたが、昭和26（1951）年から昭和38（1963）年までの13年間の戦後復興期において、平均碾茶生産量は戦前の水準まで回復を遂げます。

監修者は昭和48（1973）年に茶業界に入りました。この当時、宇治の碾茶荒茶の仕入れは全部入付で入札はありませんでした。京都には、ハサミ刈はまだなく、すべて手摘みだったため、値段の安いハサミ刈の碾茶荒茶は三河から仕入れていました。

品種は「あさひ」と「さみどり」が少しあっただけで、ほとんどが在来でした。茶が終わり、縣祭り《あがたまつり》（宇治市で毎年6月5日〜6日に行われるお祭り）の頃になると囲い櫃に入った薄葉が毎日入ってきました。

煎茶なら60kgは入る山城櫃に12〜13kgしか入っていません。三ちょ掛で弦切して、自社の茶櫃にギュウギュウに押し込んでかすがいを打ち、目張りを貼って、冷蔵庫に送ります。毎年、6月は薄葉の仕上げと「冷蔵庫いき」を詰める作業で明け暮れました。

茶櫃

歴史⑦　抹茶の故郷の現代・平成時代

1　各地域の現在の様子

宇治田原町では、昭和60年に1トンの碾茶生産が始まり、平成2年より本格的に増加しました。元々は青製煎茶《あおせいせんちゃ》の発祥の地でもあり、煎茶の生産量が多かった場所ですが、近年、玉露、かぶせ茶の生産量も増えて、碾茶生産に切り替えやすい環境がありました。一部、手摘みもありますが、中心はハサミ刈碾茶です。

両丹地区は元々ハサミ刈玉露（両丹玉露）の産地でしたが、昭和62年以降、宇治や城陽まで生葉を輸送して碾茶の生産が始まりました。碾茶工場の出来た平成元年より、本格的に棚下のハサミ刈碾茶の生産を開始しました。

和束町は明治時代に茶輸出とともに茶園面積を増やし、しだいに宇治煎茶の中心産地になっていきました。近年になり、かぶせ茶の生産も増えています。平成元年より碾茶の生産を開始。ほとんどが直《じか》かぶせのハサミ刈となっています。昭和60年〜平成7年の平均生産量はまだ5トンでした。

山城町も昭和60年頃から碾茶の生産量を増加させていますが、この増加分はこれまでの木津川流域ではなく、山手の神童子地域です。神童子はもともと玉露やかぶせ茶の生産地でしたが、平成に入り碾茶生産に切り替え始めました。栽培方法は棚や直のハサミ刈となっています。

京都府における碾茶生産は、昭和59年までほとんどが手摘みでしたが、昭和60年以降、ハサミ刈が増加の兆しを見せています。昭和60年～平成７年は手摘み約１４０トン、ハサミ刈約60トンでまだ手摘みの方が多数を占めています。

全国碾茶生産統計表を見ても、「その他」（モガ）の茶種が三重県で増加しはじめるのが昭和60年。同年に三重県でモガ生産が始まり、京都府でハサミ刈が始まったということは、昭和60年を境に価格の安い加工用抹茶（粉砕抹茶）の需要が急激に起こったということです。

2 新しい生産地域

昭和60年～平成７年の碾茶生産地は11市町村地区でしたが、平成８～平成21年には２町村増えて13市町村地区になっています。

南山城村では、平成14年に碾茶の生産が始まり、平成18年には42トンの生産量があります。元は煎茶の産地でしたが、近年かぶせ茶の生産も増えつつありました。すべて、直かぶせのハサミ刈で一番茶と二番茶の碾茶を生産しています。

加茂町は元々かぶせ茶の産地で、和束町や南山城村よりも早くに碾茶生産を開始する下地はありましたが、碾茶の生産を開始したのは平成16年のこと。直かぶせのハサミ刈で生産しています。

昭和60年～平成７年には平均生産量４トンだった和束町は、平成８年～平成21年には平均生産量１７８トン、平成17年の生産量は２７５トンと愛知県西尾市を抜いて、全国一の碾茶生産量の町になりました。平成元年には１機だった碾茶炉も、平成18年には22機まで増えています。

平成８年から現在の特徴は、それまでは少なかった二番茶の碾茶が急増したことです。

平成18年の京都府碾茶生産量５９８

京都市	宇治市	城陽市	久御山町	八幡市	京田辺市	井手町
3台	19台	14台	2台	7台	4台	2台
宇治田原町	山城町	和束町	南山城村	加茂町	両丹	京都府計
8台	5台	22台	4台	2台	6台	98台

表12　平成18（2006）年の碾茶機械（碾茶炉）台数

トンのうち、手摘み碾茶は１１２トン（19%）、一番茶ハサミ刈碾茶は２９２トン（49%）、二番茶ハサミ刈碾茶は１９４トン（32%）です。平成18年のハサミ刈碾茶は、昭和60年~平成7年の約８倍、４８６トンも生産されていることになります。

統計には出てきませんが、粉砕機で粉砕されて加工用抹茶に加工される秋碾《あきてん》（秋番を碾茶炉であぶったもの）やモガも、相当量が京都府下で生産されています。

直かぶせをした畑

京都府山城地区のお茶生産地
京都市
久御山町
宇治市
八幡市
宇治田原町
城陽市
京田辺市
井手町
和束町
山城町
南山城村
加茂町

column

お茶屋のこぼれ話3

ホトロ

「ホトロ」とは、茶園に敷く山の下草や小枝のことです。宇治や宇治田原では「ホトロ」、和束では「ホータロ」ともいわれます。一茶二茶の終わった煎茶園にホトロを敷きます。昔は、膝下くらいまで入れたといいます。ホトロを敷くことによって、地面からの水分の蒸発を抑え、茶園を夏の旱魃から守るとともに、雑草の発生を防ぎます。秋、冬になってホトロを鋤き込むことにより、土壌をやわらかくするとともに肥料にもなるのです。また、ホトロを敷いた茶園の煎茶の香りは独特で、「下木香《したきか》」といわれる非常に高い良い香りがします。この香りは「プン香」ともいいます。プン香のある煎茶をプン煎といいます。しかし、現在ではホトロを敷いた茶園は非常に少なくなりました。

碾茶園（玉露園）には「ホトロ」を敷きません。碾茶園では、簀の上に振った藁がホトロの代わりになるからです。碾茶園では茶摘みが終わるとすぐに番刈をします。150cmくらいに育った茶の木を、地上30cmくらいに台刈するのです。この刈られた碾茶園、玉露園の番が京番茶の原料になります。そして、葦簀をおろし下骨をとります。この作業を「コボチ」または「オイコボチ」といいます。コボチが終わると、台刈された茶園の上に、稲藁が一面に落ちます。茶株の上に落ちた稲藁を取るのが「シビトリ」という作業です。

この稲藁が、茶園を夏の乾燥から守り、雑草の発生を抑え、土をやわらかくし、肥料にもなります。昔の茶業は、今と比べると、大変手間ひまのかかる栽培製造をしていたのですが、自然にも人にも優しく合理的であったように思います。

第4章

抹茶をおいしくいただく

抹茶の味と香り

抹茶の香りや泡立ちは、湯の温度が高いほど、香りが引き立ち、泡が立ちやすいといえます。しかし、煎茶と同じで、高温で点てていれば、渋味、苦味の成分であるカテキンやカフェインが溶け出しやすくなるため、苦渋い抹茶になってしまいます。そのため、カテキンの溶出が急激に変化する80℃が一つの目安になります。しかし、栽培方法が同じだからといって、玉露と同じように50～60℃の湯温だと香りが引き立たず、泡立ちも悪くなります。また、茶筅で攪拌するので、温度の低下によりなまぬるい抹茶を飲むことになってしまいます。よって、「飲んでおいしい抹茶の点て方」は、70～80℃で点てて、60～70℃で飲めるのが最適だと思われます。

準備するもの

茶会に使われる茶道具は数限りないほどあります。茶道具はお茶の技量と懐具合に応じて自分にふさわしいものを揃えていくとよいでしょう。ここでは初めて抹茶を楽しむために最低限必要なものを紹介します。

まず、一つめは抹茶。一缶1000円か1500円クラスのものがよいでしょう。二つめは茶碗。どんぶり鉢やご飯茶碗など茶筅が動かせる大きさの器なら抹茶茶碗でなくても抹茶は点てられますが、できれば抹茶茶碗のほうがよいでしょう。三つめは茶筅。これはほかのものでは代用できません。しかし高価な120本立てではなく、安い数穂や80

本立てで充分です。四つめは茶杓。スプーンなどでも代用できますが、できれば安い竹製の茶杓を揃えましょう。五つめは湯。ポットのお湯で充分。最低この五つがあれば抹茶を楽しむことができます。

1　抹茶…1缶1000円クラスのものがおすすめ
2　抹茶茶碗…どんなものでもよい
3　茶碗…どんなものでもよい
4　茶筅…どんなものでもよい
5　茶杓…竹製ならどんなものでもよい

その他
ポットの湯…95℃くらい
水…常温

抹茶のおいしい点て方

ここでは、初めての人でもおいしく点てられる抹茶の点て方の基本を解説します。

1　茶碗に水を入れ、茶筅をつけておく

普段使用していない茶筅なら20分。乾いた茶筅の穂先は折れやすく、しなりが少なくて点てにくい。

2　抹茶茶碗に茶杓で抹茶を入れる

茶杓2杯、約2g。0・1gまで量れる計りで確認する。

3　茶碗にポットの湯を5～6ml入れる

5～6mlの湯はすぐに冷めて人肌以下になる。

1

2

3

5

6

7

4　抹茶茶碗に茶碗の湯を入れる
入れる時、抹茶に直接かけないよう、抹茶茶碗の縁にたらす。湯は抹茶茶碗にも冷まされて常温近くになる。

5　茶筅で練る
濃いお茶を練るように茶筅の腹も使って約30秒練る。練ることによってダマがなくなり、テリが出てくる。少量の常温の湯で練るため、うま味、甘味の成分は浸出するが、苦渋味の成分は出にくくなっている。

6　湯を注ぐ
ポットの湯95℃を50～60 ml注ぐ。抹茶茶碗の中の湯温は70～75℃になる。

7　茶筅で点てる
茶筅の持ち方は、人指し指を上に、親指を下に、中指を横に添えるように持つ。腕を伸ばし、手首のスナップで茶筅を前後にすばやく動かす。肩、腕、手に力を入れすぎると、すばやい茶筅さばきができない。茶筅は、茶碗の底をこすらないようにする。15秒から30秒で、大量の細かい泡ができる。あまり泡立てない点て方もあるが、泡立てるほうが味がまろやかになりやすい。毎日の実践が大切。

8　完成

4

8

濃茶の練り方

準備するものは「抹茶のおいしい点て方」と同じ。事前準備として、抹茶茶碗、茶筅を洗いきれいにしておきます。

1　抹茶茶碗に茶杓で抹茶を入れる

茶杓3杯、4gを入れる。

2　抹茶茶碗に水を入れる

水の温度は常温でよい。

3　抹茶茶筅で練る（その1）

茶筅を回しながら、茶筅の穂の腹で練る。茶碗の中で「いいこ、いいこ」と書くように。抹茶粉末が水に馴染み、ダマがなくなり香りが感じられ、テリが出てくるまで約30秒から60秒練る。

4　ポットの湯、90～95℃を約10～15ml注ぐ

5　茶筅で練る（その2）

茶筅の持ち方は、書道の筆を持つように、人差し指を上に、親指を下にして軽くつまみ、中指を横に添えるように持つ。

3と同じように、茶筅の穂の腹を使って練る。ソフトクリームが溶け出して、トローとたれてくるような状態になるまで、90～120秒練る。湯量が足りないと、茶碗を傾けても、なかなかお客さまの口に入っていかない。少し柔らかめかな、と思うくらいの方がベスト。

6　完成

1

2

3

4

5

6

冷抹茶の点て方―夏は冷たい抹茶を

準備するものは「抹茶のおいしい点て方」で用意するものプラス氷。事前準備として、茶碗、茶筅を洗い、きれいにしておく。茶筅は20分から30分水につけておきます。

1　抹茶茶碗に茶杓で抹茶を入れる
茶杓2杯、2gを入れる。

2　水を10mlほど入れる
水の温度は常温でよい。

3　茶筅で練る
「抹茶のおいしい点て方」と同じく、濃いお茶を練るように茶筅の腹も使って約30秒練る。

1

2

3

4　お湯を10ml加え、茶筅で練る

水だけで冷抹茶を点てると香りが立たない。渋味も足りなくなり、物足りない抹茶になる。お湯を加えることによって、香りと渋味を引き出す。約30秒練る。

5　水を40ml加え、すばやく、力強く点てる

水で点てるのは、お湯で点てるのに比べて泡が立ちにくいので、よりすばやく、より力強く、空気を茶碗の底にたたきつけるつもりで、茶筅を動かすこと。約30秒で点つ。

6　氷を入れて完成

氷を２個ほど入れて、お客さまに出す。

5

6

4

抹茶を使ったドリンクいろいろ

アイス抹茶

材料（1人分）

抹茶　茶杓1杯（1・5～2g）
水　10ml
熱湯　60ml
砂糖　小さじ1～大さじ1（好みで）
氷　適宜（グラスにいっぱい）

つくり方

1　抹茶と砂糖をボウルか抹茶茶碗に入れて、水を入れつやが出るまで茶筅で練る。
2　お湯を注ぎお薄の要領で点てる。
3　氷をいっぱいにしたグラスに注ぐ。

抹茶ソーダ

材料（3人分）

抹茶　茶杓3～4杯（6g）
水　20ml
砂糖　40g
熱湯　150ml
ソーダ　200ml

つくり方

1　抹茶をボウルか抹茶茶碗に入れ、水を入れつやが出るまで茶筅で練る。
2　砂糖とお湯を注ぎお薄の要領で点てる。
3　バットに流し冷凍庫で固める。
4　フォークでほぐしグラスに盛り付ける。
5　ソーダを注ぐ。

ホワイトチョコ風味
抹茶ラテ

材料（1人分）

抹茶　茶杓1杯（1・5～2g）
水　10ml　牛乳　180ml
ホワイトチョコレート　15g

つくり方

1　抹茶をボウルか抹茶茶碗に入れて、水を入れつやが出るまで茶筅で練る。

2　牛乳を湯気が立つ程度に温め、刻んだホワイトチョコレートを加え、混ぜ溶かす。

3　1に2を半分加え茶筅か泡立て器でよく混ぜ、器にいれる。残りの牛乳を泡立て上から注ぐ。

抹茶オーレ

材料（1人分）

抹茶　茶杓1杯（1・5〜2g）
水　10ml　熱湯　20ml
牛乳　150ml（または豆乳）

つくり方

1　抹茶をボウルか抹茶茶碗に入れて、水を入れつやが出るまで茶筅で練る。
2　熱湯を20ml加えよく練る。牛乳か豆乳を加え、すばやく点てる。
（ホットの場合は牛乳を温めて加える。アイスの場合は氷を出来上りに1つ入れる）

抹茶シェイク

材料（1人分）

抹茶　茶杓1杯（1・5〜2g）
水　10ml
熱湯　50ml
アイスクリーム（バニラ）　150ml
牛乳　50ml
バナナの角切り　少々

つくり方

1　抹茶をボウルか抹茶茶碗に入れて、水を入れつやが出るまで茶筅で練る。
2　熱湯を50ml加えよく練る。
3　いったん氷水にボウルを当てて冷やす。
4　3をバニラアイス、牛乳と一緒にミキサーにかける。
5　好みでバナナを添える。

抹茶を使った手作りお菓子

抹茶のティラミス

材料（6～8人分）
抹茶　8g
砂糖　40g
熱湯　120ml
マスカルポーネチーズ　120g
プレーンヨーグルト　50g
砂糖　30g
生クリーム　120ml
フィンガービスケット（市販）　12枚
*マスカルポーネチーズはイタリアのフレッシュチーズ。酸味なくまろやかな柔らかいクリーム状のチーズです。
*フィンガービスケットは市販のスポンジやカステラでも代用できます。

つくり方

1　シロップを作る
抹茶をふるってボウルに入れる。砂糖40gを加え混ぜる。

熱湯の1／3を注ぎ茶筅か泡立て器でよく混ぜる。

残りの熱湯を加え溶きのばす。

2　クリームをつくる
生クリームに砂糖30gを加え8分立てに泡立てる。

別のボウルにマスカルポーネを入れヨーグルトを加えなめらかになるまで練り混ぜる。

泡立てた生クリームを加え混ぜる。

3　組み立てる
シロップを半量バットに入れフィンガービスケット半量を浸す。

表と裏にまんべんなくしみこませ、お皿に並べる。

その上に2のクリームを半分盛り付け、平らに整える。

再びフィンガービスケットの残り半量をシロップの残りに両面まんべんなく浸し、そのままクリームの上にのせる。残ったシロップは上からかけ、しみこませる。

クリームの残りを流し、平らにする。

冷蔵庫で2時間ほど冷やす。

表面に分量外の抹茶を茶こしを通してふりかける。

抹茶ショートブレッド

材料（約18個分）

薄力粉　75g
上新粉　25g
無塩バター60g
和三盆糖　30g（粉糖で代用可）
塩　一つまみ
抹茶　5g

つくり方

1　室温に戻したバターをボウルに入れゴムベラで練る。
2　1に和三盆糖と塩を加え練る。
3　2の上に上新粉と薄力粉をふるって加え、ゴムベラで全体が均一になるように切り混ぜる。ぽろぽろとしたらゴムベラを手に変え良く練り混ぜ、ひと固まりになるまで混ぜる。
4　飾り用の生地を少し取り分け、残りにふるった抹茶を加えよく練る。ラップに包んで麺棒で伸ばす。（10×13cm、厚さ1cmが大きさの目安）
5　バットにのせ冷蔵庫で2時間ほど休ませる。取り分けた白い生地は厚さ1cmくらいにラップではさんで伸ばし、別に冷蔵庫で休ませる。
6　抹茶入りの生地を包丁で1・5cm×3cmほどの大きさに切って、表面にフォークで穴を開ける。野菜用の抜型で抜いてもよい。
7　オーブンペーパーを敷いた天板に少し間（1cm以上）を空けて並べる。白い生地を好みの形のクッキーの型で抜いたり、手で小さく丸めて抹茶の生地の上にのせてもよい。（手で鳥の形などに成形してのせてもよい）
8　オーブンを150℃に温め天板を入れ、20分焼く。

抹茶豆乳ババロア

材料（５人分）

抹茶　８g
砂糖　60g
水　15ml
ゼラチン　５g
熱湯　50ml
豆乳　１８０ml
生クリーム　１００ml

飾り用

生クリーム50ml
こしあん　小さじ５
抹茶　少々

つくり方

1　ゼラチンを水15mlの中に振り入れ５分ほど置く。ゼラチンに水がしみ込まずむらになったらスプーンなどで混ぜるとよい。

2　生クリームを８分立てに泡立てる。１００mlと50mlに分けておく。

3　抹茶を８gをボウルにふるって入れる。熱湯を注ぎ茶筅か泡立て器で混ぜる。

4　1を3に加え混ぜ溶かす。

5　4に砂糖を加えよく混ぜる。

6　5に豆乳を加える。

7　ボウルの底を氷水に当て、とろみがつくまで混ぜながら冷やす。

8　生クリーム１００mlを２回に分けて加え混ぜる。

容器に注ぎ表面を平らにしたら冷蔵庫で２時間冷やす。

9　2でとっておいた生クリーム50mlとこしあんを表面に盛り付け、抹茶を茶こしを通してふりかける。

抹茶のカップケーキ

材料（6個分）

卵　1個
砂糖　80g
牛乳　60ml
無塩バター　60g
薄力粉　120g
ベーキングパウダー　小さじ1
抹茶　5g
チョコレート　30g

準備

バターを湯煎で溶かす。
アルミカップに紙カップを敷き込んでおく。
オーブンを170℃に温める。
チョコレートをひと口大に切る。

つくり方

1　ボウルに卵、砂糖、牛乳を入れ泡立て器で混ぜる。
2　1に薄力粉とベーキングパウダーと抹茶をふるって加え泡立て器でよく混ぜる。
3　溶かしたバターを加え混ぜる。
4　紙を敷いたカップに生地を入れる。表面にチョコレートをのせる。
5　天板に並べ温めたオーブンで25分焼く。

第5章

抹茶の成分と栄養素

抹茶は丸ごと成分を摂れる

お茶のおいしさはアミノ酸のうま味と甘味、カテキン類やカフェインの苦渋味などのバランスにより決まります。一般には不快とされる苦味や渋味も、お茶には不思議と爽快感があり、これがお茶の味を決める特徴にもなっています。

煎茶などでは、お湯に溶け出さず茶殻に残ってしまう成分も、抹茶ならば茶葉を丸ごと含むため、すべて摂取することが出来ます。抹茶を楽しむことは、茶葉をそのまま食べていることと同じなのです。

お茶は古来より健康飲料とされ、栄西が1212年に著した『喫茶養生記』の冒頭に「茶は養生の仙薬、延齢の妙術なり」と書かれています。

お茶には炭水化物、たんぱく質、脂質、各種のビタミン、ミネラルなどの栄養成分が含まれています。

次頁の表を見て行くと、同じ緑茶類で

お茶の主な成分とその味要素

成分	味
カテキン類	
エピカテキン	苦味
エピガロカテキン	苦味
エピカテキンガレート	渋味、苦味
エピガロカテキンガレート	渋味、苦味
アミノ酸類	
テアニン	甘味、うま味
グルタミン酸	うま味、酸味
アスパラギン酸	酸味
アルギニン	苦味
その他	うま味、甘味、苦味
カフェイン	苦味
遊離還元糖	甘味
アルコール沈殿高分子物	無
水溶性ペクチン	無

中川到之：日食工誌（1970）より抜粋

もビタミンD、コレステロール、食塩相当量以外のすべての項目で抹茶の数値が突出していることがわかります。古くから健康によいとしてきた先人の知恵は、現代の科学の発展によって正しいことが証明されてきているのです。

食品成分表（五訂）より緑茶類の項目を抜粋
浸出液1カップ200g、茶葉6g中の値

	玉露浸出液	抹茶	煎茶浸出液	番茶浸出液	ほうじ茶浸出液	玄米茶浸出液
エネルギー kcal	5	324	2	0	0	0
たんぱく質 g	1.3	30.6	0.2	Tr	Tr	0
脂質 g	(0)	5.3	(0)	(0)	(0)	(0)
炭水化物 g	Tr	38.5	0.2	0.1	0.1	0
カルシウム mg	4	420	3	5	2	2
鉄 mg	0.2	17.0	0.2	0.2	Tr	Tr
カロテン μg	(0)	2,900	(0)	(0)	(0)	(0)
レチノール相当量 μg	(0)	480	(0)	(0)	(0)	(0)
ビタミン B_1 mg	0.02	0.60	0	0	0	0
ビタミン B_2 mg	0.11	1.35	0.05	0.03	0.02	0.01
ビタミンC mg	19	60	6	3	Tr	1
ビタミンD μg	(0)	(0)	(0)	(0)	(0)	(0)
ビタミンE mg	−	28	−	−	−	−
コレステロール mg	(0)	(0)	(0)	(0)	(0)	(0)
食塩相当量 g	0	0	0	0	0	0
食物繊維総量 g	−	38.5	−	−	−	0

0＝最小記載値の1/10未満または検出されなかったもの
(0)＝測定せず0と推測されるもの
Tr＝微量に含まれているが最小記載値に達していないもの
−＝測定しなかったもの

column

お茶屋のこぼれ話4

宇治のお茶屋と他地域のお茶屋では、「古《ひね》茶《ちゃ》」に対する考え方に大きな違いがあるように思います。静岡のお茶屋さんが店に来られたとき、私が「ウチの玉露は古と新を合しています」というと、「古茶を混ぜているのを正直に言うお茶屋さんは、はじめてです」と非常に驚かれました。静岡では新鮮が命で、茶を古にするのはお茶屋の恥のようです。反対に、先週、玉露粉の在庫が少なくなったので、仲間のお茶屋から見本をもらうと「田辺玉露仕立粉、ヒネ入り」と書かれていました。宇治のお茶屋では「ヒネ入り」はウリなのです。古茶を持たないと毎年同じ品質の宇治抹茶、宇治玉露は作れません。しかし、宇治以外では、茶は製造したてが最高の品質で、日時の経過とともに品質が低下するという考え方のようで、古茶を残すのを嫌います。

古茶と後熟

以前から、2年古や3年古の上級碾茶の封を切ると白い粉を見つけることがありました。「古」にした碾茶、玉露の中に発生する白いフワフワした結晶が昇華したカフェインの結晶であるということが解り、茶の「後熟」とは、茶から青葉アルコールなどの揮発性香気成分が発散し、カフェインが昇華して減少することにより、茶の成分構成バランスが製茶時期から変化し、新茶時期とは異なった香味を生み出すのではないかと考えています。新茶の香味から、新鮮みと青くさみと苦味渋味の一部を引いたものが後熟（枯らすということ）ではないかと思います。しかし、全ての茶が後熟して良くなるかというとそうではなく、後熟して良くなる茶は昔から言われる「性《しょう》の良い茶」であると思います。

第6章

抹茶よもやま話

この本は、全編を通して京都府宇治市にある「桑原善助商店」の4代目、桑原秀樹氏にご監修をいただきました。最後の第6章は、普段は一般の人が見ることのない、宇治における茶の入札の様子を語っていただき、茶歌舞伎の遊び方を伝授していただきます。

ハーゲンダッツショック

現在、日本で碾茶の入札を行っているのは京都茶市場のみです。京都に茶市場ができたのは昭和49年で、それまで碾茶仕入れはほとんどが入着と呼ばれる方法でした。

私が茶業に入ったのは昭和48年4月で、オイルショックの年でした。当時、京都ではハサミ刈の安い碾茶の生産はなく、すべて手摘み碾茶だったため、ハサミ刈の碾茶は三河（西尾）から仕入れていました。入着で入ってくる碾茶はほとんどが在来実生（雑種）で、品種茶は「あさひ」、「さみどり」、「やぶきた」が少しだけありました。入着の生産者は伏見区の日野が一軒あるだけでその他は全て六地蔵から大鳳寺までの東宇治の生産者でした。

そのため、平成元年に茶市場の入札に参加するまでの15年間は、京都の碾茶産地のうち東宇治の碾茶しか知らない状態でした。平成元年から入札に参加してみたものの、最初の4、5年はほとんど買えませんでした。その当時、碾茶の入札に来られるお茶屋の顔ぶれは、皆さん大先輩ばかりで今から思うと錚々たる凄いメンバーでした。

煎茶や玉露の入札は息子や従業員に任せても、碾茶だけはその店の主人が入札に来られていました。新米の出る幕などありません。今とは、皆さん買いっぷりが違っていました。山政さんが手に碾茶の見本缶を2、3個のせて拝見盆の前を歩かれると、もうそこは見てもしょうがないという買いっぷりでした。生産地を知らない、生産者を知らない、東宇治の碾茶しか知らなかった私では、太刀打ちのしようもない状態でした。

茶市場の入札にも慣れ、生産地や生産者の特徴を覚え、やっと買わせてもらえるようになったのは平成6、7年からでした。この頃から、手摘みばかりだった碾茶の入札にハサミ刈碾茶が増えだしました。両丹は元々ハサミ刈でしたが、宇治田原町、和束町、山城町のハサミ刈が入札されるようになりました。

ハサミ刈碾茶と二茶碾茶が爆発的に増加しだした転機は、平成8年のいわゆる「ハーゲンダッツショック」です。平成8年の春、仲間の業者から安いハサミ刈の碾茶が余っていたらまわして欲しいと頼まれました。もうすぐ新茶なので、今古（ヒネ）を売っても新茶で買えるからいいよと在庫をどんどん廻してあげました。

平成8年5月、入札が始まりました。煎茶の入札値段は最初が一番高くて、製造が進むにつれて下降していくのに対して、碾茶の値段は、最初はあまり品質が良くないために落札値は安く、だんだん高くなっていくのが普通です。しかし、この年は最初から小倉のK園の入札値はものすごく高く、京都茶市場の碾茶を全て買い占める勢いでした。私の入札値と2000円も3000円もかけ離れていて、前年度5000円のハサミ刈が7000円もしました。K園にハーゲンダッツから大量の発注が入ったためでした。この年の二茶碾茶は4000円を超える高値も珍しくありませんでした。

この「ハーゲンダッツショック」以降、揉み茶から碾茶生産に切り替える生産家が増えだしたのです。

入札会場

碾茶の入札が揉み茶の入札と違うのは、煎茶や玉露は荒茶を仕上げればすぐに製品になりますが、碾茶は仕上げただけでは製品にならず、茶臼で挽いて抹茶にして初めて製品になるということです。ですから、碾茶の荒茶を見て、挽いたらどうなるかを考えて買うことが必要となります。

入札

煎茶や玉露の入札では、拝見盆と審査茶碗が一セットです。拝見盆には見本茶が100g入っています。京都茶市場の拝見盆は角盆ではなく、丸盆が使われています。拝見盆には四角い名札が貼られています。札には製造月日、茶種名、茶期、摘採方法、生産者名、製造工場名、住所、品種名、数量が書かれています。審査茶碗には、見本茶3gを熱湯で4分間浸出した浸出液が入っています。碾茶の入札では、拝見盆と審査茶碗のほかにもう一つ茶殻が置かれ三つで一セットです。入札する人は、札と茶と浸出液と茶殻を審査して入札価格を決めます。

名札

入札に何年も通っていると、生産者の名前と品種と製造日を聞いただけで、茶の現物を見ないでも、その茶がどんな茶で値段はいくら位かわかるようになります。また、わからなければ良い入札はできません。各産地によって摘採適期は異なりますが、出てくる順番は毎年決まっています。各生産者もいろいろな畑のいろいろな品種の碾茶を出しますが、その順番は毎年決まっています。出てくる順番は、「寺川早生」、「あさひ」、「さやまかおり」、「やぶ北」、「ごこう」、「うじひかり」、「さみどり」、「おくみどり」などです。

何年もいろいろな茶を入札で落として使っていると、自分の店に合う茶合わない茶、使って良かった茶、悪かった茶がわかってきます。買って良くなかった茶は次の年の入札では入れませんし、だんだん自分の好みの茶を作ってくれる生産地と生産者が決まってきます。しかし、茶は農産物なので同じ生産者の同じ場所の茶でも、毎年同じ品質の茶が生産されるわけではありません。

高値を買うか、真ん中を買うか、底値を買うか。入札で一番頭を悩ますところです。

商社

京都茶市場の碾茶入札に参加している商社は、京都2社、東宇治2社、中宇治6社、西宇治5社、城陽7社、田原2社、田辺3社、山城1社の28社です。

何年も入札に通っていると、生産地の特徴がわかります。碾茶も煎茶と同じで、三拍子、四拍子そろった茶はありません。碾茶の三拍子とは、香り、味、色です。四拍子とは、香り、味、色と値段です。三拍子のうち、味は生産家の力でつくることができます。色は生産家と土地の力の合作です。香りは生産家の力ではつくれない、土地がつくってくれるものです。色は眼で見て判断できるものなので、誰が見ても同じように見ることができます。同じ色合いでも、冴えがあるとか明るいとか品があるとか、微妙な判定はプロにしかできませんが、ある程度は誰でも同じような判断が下せます。

碾茶の場合、葉そのものの色より、茶殻の色の方が重要視されます。それは葉の色よりも茶殻の色の方が、抹茶の挽色に直結するからです。特に二番茶では挽色重視なので、葉の色よりも茶殻の色を重点的に審査します。

外観

碾茶の場合、外観のうち形状はあまり問題になりません。葉っぱのまま乾燥されているので、形状自体がないのと一緒です。形状が問題にならない代わりに、重要なのは手触りと色です。手に優しくあたるのか、手に刺さるのか、フワーとしているのか、ゴリゴリなのかで、その碾茶の栽培、製造がわかり、買って良いのか悪いのかがわかります。拝見盆の見本の碾茶に手のひらを乗せてそっと押さえるか、手で握るとわかります。色は明るい冴えた緑色がよく、赤く見えるもの、黄色く見えるもの、白く見えるもの、黒いもの、くすんで見えるものはダメです。

入札会場（京都茶市場）

拝見盆、茶殻、浸出液のセット

審査の様子

合組

抹茶の原料である碾茶も単品で挽かれることは稀で、煎茶や玉露と同じように合組《ごうぐみ》をします。合組の基本は「三つ合」で香、味、色の三つを合することが基本です。しかし、実際の私の合組では「四つ合」をします。四つ合とは、香、味、色と値を考慮にいれて合組します。単品の碾茶で三つとも兼ね備えたものは少ないし、あっても値段が高いものです。そこで、三つは兼ね備えてはいないが、一つは特徴のある碾茶を組み合わせます。

私の「四つ合」の一例を紹介します。

第1の「香」の碾茶は、木幡、宇治の山手の碾茶です。良い香り、「地香」があります。臼で挽いていてもすごく良い匂いがします。しかし、挽色が白っぽく、いわゆる「竹のみどり」です。また、新茶時期は味がきつく、年を越してからしか味がまろやかになりません。そのために、新茶時期は古茶（ヒネチャ）を使い、年を越してから新茶を使います。

第2の「味」の碾茶は、田辺の「ごこう」「さみどり」です。香りはいまいちですが新茶時期でも濃厚なうま味のある碾茶があります。

第3の「色」の碾茶は木津川の河川敷周辺でとれる「浜茶」です。挽色が濃い緑、いわゆる「松のみどり」です。新茶時期から味がまろやかですが、冬を越すと味落ちするものがあります。

第4の「値」の碾茶は各商店の秘密です。値段が安く、味や香りに嫌な特徴がなくて挽色の良い碾茶を選びます。

これら4つを考慮しながら合組をしますが、一番難しいのは「香」です。

合組は季節によっても違い、新茶時期と秋から冬の時期と年を越して冬から春の時期の3時期です。

茶覚え帳

入札…京都茶市場では、安値で良い茶はない。見つけ値より値を下げて入札したい茶は入札しない方がよい。反対に見つけ値より値上げしてでも落札したい茶だけを入札する。

二茶碾茶の入札…二茶碾茶に求められるものは、第1に抹茶の挽色であり、第2に抹茶の渋味である。二茶碾茶は加工用抹茶として、宇治清水や抹茶ミルクや和菓子や洋菓子に使用されることが多い。加工用抹茶として使用する場合、渋味の少ない、抹茶としての味の良い抹茶では、砂糖やミルクと一緒に使用したときにその上品なうま味が砂糖やミルクに負けてしまい、抹茶商品として物足りない味になってしまう。抹茶として点てたときに、渋すぎてとても飲めないくらいの抹茶の方が、加工用に使用した場合抹茶らしい味の商品になる。よって、二茶碾茶の入札では、味が渋くて挽色の緑が濃い碾茶を探さなければならない。

二茶碾茶の入札では、開始後すぐに茶を見に行ってはいけない。二茶碾茶では滓色の判定が重要である。滓色の良し悪しは、抹茶の挽色の良し悪しに通じる。碾茶の入札では荒茶と浸出液のほか、煎茶や玉露では展示されない茶殻が展示される。入札開始時に湯から揚げた茶殻が展示されるが、揚げてすぐの茶殻はどれも緑色で優劣の判定が付けにくい。茶殻を20分～30分置いておくと、力のない碾茶の茶殻は色が黄色、茶色、茶褐色に変色していく。肥料の効いた良い碾茶は時間がたっても色落ちが少ない。

煎茶…昔から「山城煎茶は香気が命」といわれてきた。大正後期、昭和初期の『京都茶業』を読んでいると、手揉み製であったものが半機になり、全機になっていくにしたがって、「山城茶は香りが命なのにこの頃の茶は香りがなくなった」「昔の香りを取り戻せ」という文章に多く出くわす。手製で風力を用いない製法から機械製の熱風を利用する製法に変わって、山城茶の独特の香りが薄れてしまったのである。

香りが薄れたとはいえ当時の煎茶は露地煎茶であったし、機械は四貫機で今の機械に比べれば風力も小さく、香りが飛ぶのも今よりは少なかったと思う。私が茶業に就いた昭和48年頃、青年団の茶香服《ちゃかぶき》練習会では香りの良い煎茶がまだ少しはあった。平成に入って20年、このごろは香気の良い煎茶は非常に少なくなった。その原因の一つは煎茶に「かぶせ」るからである。なぜ「かぶせ」るのかというと、「かぶせ」た煎茶の方が露地煎茶（純煎）より茶市場で高く売れるからである。なぜ高く売れるのかというと、「かぶせ」た煎茶の方が外観が青く、水色《すいしょく》も青く出るからである。また、消費者が見た目の赤黄色い水色の黄色い純煎よりも、見た目が青く、水色の青い「かぶせ」た煎茶を買うからである。

それでは「かぶせ」た煎茶の香気はどうかというと、新茶時期（4〜7月）は青葉アルコールの新鮮香が強く、「かぶせ」た香は隠されていて煎茶（新茶）としてまあ通用するが、夏を越すと「かぶせ」香がだんだん顔を出し、冬になるととても煎茶とは呼べない、玉露でもない、「かぶせ」でもない、煎茶でもない香りになってしまう。

香りで勝負しなければいけない山城煎茶からその一番の武器の香りを取ってしまっては、他産地の煎茶に勝つことは難しいということを宇治の生産家も業者も忘れてはいけない。

品評会…現在の全国品評会、関西品評会ともかぶせ茶品評会になっている。玉露は若すぎて覆い香が少なく、味も二煎目はうま味が少なくかぶせ味である。煎茶はほとんどすべてがかぶっているために煎茶らしい香りがなくミルメかぶせの香りである。新鮮香のあるうちはまだましだが新鮮香が抜けると全くのかぶせ香しかしない。蒸製玉緑茶、釜炒製玉緑茶もほとんどかぶっている。釜炒製も釜香よりカブセ香の方が強い。すべての茶種がかぶせに近寄っている。

かぶせに近いお茶が最高であるという基準ならば仕方がないが、玉露はもっと玉露らしく太くても覆い香の強いうま味の持続する玉露を最高とするべきだ。煎茶はかぶせ香のしない露地の純煎を最高のものとするべきである。現在煎茶に4kg、10kg、30kgの3部門があるが数量で部門分けをする意味がない。露地煎茶の部とかぶせ煎茶の部とに部門分けをするか、手摘み煎茶の部とハサミ刈煎茶の部に部門分けするなら意味がわかる。

抹茶と粉砕茶の違い

現在、「抹茶」という名称で世の中に出回っているものは、私の考察では4000トンを下らない数量と考えられます。現実には抹茶の生産量が判明する統計資料は存在しないので、4000トンという数字も私が色々な資料から想像した数字でしかありません。

世の中のほとんどの人は抹茶といえば、茶の湯、茶道の抹茶を連想します。玉露と同じように覆下で手間暇をかけて育てられた新芽を手で摘んで、茶臼で時間をかけて挽かれた高価で文化の香りのするものとして理解されているでしょう。自分が口にしている食品に入っている「抹茶」が、二番茶であったり、秋碾茶であったり、モガであったり、粉砕機によって製造されているとは夢にも思っていません。

抹茶製造業者の多くは、二番茶や秋碾茶やモガを粉砕機で粉砕した粉砕茶を抹茶と区別して「加工用抹茶」「食品用抹茶」「工業用抹茶」などと表示しています。しかし、抹茶製造業者は「加工用抹茶」「食品用抹茶」「工業用抹茶」と表示して送っても、製造された商品の裏面表示には「加工用抹茶」「食品用抹茶」「工業用抹茶」とは表示されず、ただ「抹茶」としか表示されません。

4,000トンの抹茶のうち茶臼で挽かれた抹茶は750トンで、覆下で手摘みされた抹茶は128トンでしかありません。覆下で手摘みされ茶臼で挽かれた128トンのイメージで4,000トンの抹茶を消費していただいているのです。

茶歌舞伎の歴史

１　闘茶のルーツ……『大観茶論』、闘茶、闘試、銘戦

茶のルーツが中国にあるように、闘茶のルーツも中国（宋）にあります。北宋の茶は「抹茶」です。徽宗《きそう》皇帝（１０８２〜１１３５）の著した『大観茶論《だいかんさろん》』には、茶道で使われている茶筅が「筅」として初めて文献に登場します。

『大観茶論』には三通りの茶の点て方が書かれています。第一の点て方は「静面点」で、第二の点て方は「一発点《いっぱってん》」といいます。第三の点て方は一番良い点て方とされますが、七湯に分けて点てる茶の歴史上空前の複雑な点て方です。このように点てられた抹茶は、その味が賞味されただけではなく茶較《ちゃくらべ》に使われ、「闘茶《とうちゃ》」、「闘試《とうし》」、「銘戦《めいせん》」などと呼ばれて、宗代の一つの遊戯になっていました。

２　本茶と非茶……闘茶、茶寄合、本非十種と四種十服

抹茶とともに伝えられた闘茶は、わが国では南北朝の頃より室町時代の初期に茶寄合《ちゃよりあい》として流行します。茶寄合で行われた闘茶は「茶の同異を知る」という飲茶勝負で、本茶とされた栂ノ尾の茶と非茶とされたそれ以外の産地の茶を飲み分けるものでした。

初期の闘茶は「本非十種」の茶勝負で、本茶と非茶を合わせて十服飲み、本か非かを飲み比べました。この場合、本茶は栂ノ尾茶一種類であるのに対し、非茶は一種類とは限らないのですが、非茶の産地は問題にされず、本茶との違いがもっぱら問題とされました。

わが国の闘茶の最古の史料とされているのは「祇園社家記録」康永2（1343）年10月4日条紙背として残る「本非十種」という採点表です。この採点表には「本」と「非」の文字が並んでいます。その後は、「四種十服」が一般的になります。「四種十服」の方法は、茶三種を各四服包み、各種一服を試し飲みさせるものです。これが一、二、三の茶です。残り九服に「客」と称する茶一服を加えて十服として、これを点じて出順を飲み当てるのです。「四種十服」の採点表には、「一」「二」「三」「ウ」という文字が並ぶことになります。遊びであるから本名を記すのがはばかられたのでしょうか？乗りで記されています。参会者の名前は、本名ではなく「花鳥風月松竹梅桜山木」など一文字の名

現在の茶歌舞伎では、「花鳥風月客」などは茶銘として使われています。闘茶に使われる茶はもちろん抹茶です。茶碗に点てて皆で回し飲みしたと考えられますが、一碗に何匁の抹茶を入れ何勺の湯を入れて点てたのかを示す史料は現れていません。七十服茶、百服茶といわれるものは十服茶を何回も繰り返したものです。

3「茶歌舞伎」「茶かぶき」の名の由来……阿国と千家七事式

南北朝の頃より行われてきた闘茶に「茶歌舞伎《ちゃかぶき》」という別名がついたのがいつからか確証はありませんが、「京都市茶業百年の歩み」の「闘茶会今昔」（田宮恒三）には、

「阿国が歌舞伎を鴨河原で（1603年頃）催すのにすでに三条四条河原には小屋があった。阿国一行は五条に小屋を建て、歌舞伎開催前に闘茶大会を開き景品を出して人を集め、本番の歌舞伎を催した記録があり、一躍有名になったと云うことから茶歌舞伎の名が生まれてきた様だ」

とあり、阿国歌舞伎とともに生まれたものと考えられます。闘茶は茶の本筋ではない、「傾《かぶ》いている」

ということで茶歌舞伎といわれたのです。

平仮名の「茶かぶき」は、千家の家元制度の確立とともに制定された千家「七事式」のなかの一つとして生まれました。千家七事式は寛保年間（１７４１〜１７４４年）に表千家の天然、裏千家の一燈、江戸千家の不白、大徳寺の無学和尚ら六人により大徳寺において選ばれました。

千家七事式は、花月、且座《しゃざ》、茶かぶき、廻炭《まわりずみ》、廻花、一二三、員茶の七つのあそびの方式で、茶かぶきは五服の濃茶を飲んで、そのなかから三種の濃茶を飲み分けるものです。

４　白久保のお茶講……上州中之条町

江戸時代の庶民の闘茶を伝える史料は数少ないのですが、群馬県吾妻郡中之条町白久保には「お茶講」という習俗が現在まで伝わっています。

お茶講で使われるお茶は、甘茶、渋茶（煎茶）、チンピ（蜜柑の皮）を焙烙《ほうろく》で炒ったあと、茶臼で挽き、調合の割合を変えて、「一の茶、二の茶、三の茶、客の茶」の四種類をつくり、半紙に包んだものです。お茶は片口《かたくち》に入れ、囲炉裏の鉄瓶から湯を注ぎ、茶筅でかき回してお茶を点てます。片口から湯呑に注ぎ分け参会者に配られます。最初に見本茶の試し飲みが行われますが、本来は隠しておくはずの「客」の茶までが試し飲みされるのが変わっています。本茶は一、二、三の茶が二服と客の茶が一服の七服です。抹茶茶碗の飲み回しではなく、片口で点てて湯呑に注ぎ分けている点が注目されます。

白久保のお茶講の発祥については、確たる史料はありませんが、最古の記録として寛政11（１７９９）年に記された「御茶香覚帳」があります。現行が「四種七服」であるのに対して、寛政では南北朝と同じ「四種十服」の飲茶勝負です。また、「お茶講」に「御茶香」の文字が充てられている点が注目されます。「茶歌舞伎」転じて「茶香服」の文字が使われる元になるような気がするからです。

5 江戸時代の煎茶書にみる闘茶……『煎茶仕用集』、『煎茶早指南』

『煎茶仕用集』は大枝流芳によって書かれ、宝暦6（1756）年に刊行されたわが国の煎茶書として最も古いもので、巻之下に闘茶が記されています。これまでの闘茶に用いる茶が抹茶であったのに対して、ここに書かれているのは煎茶《せんじちゃ》です。「闘茶通例」として、

「凡そ、水一合に、茶の目一銭目の定め」

「茶碗は、黒色のものを用ゆべし。茶色を見分かたせまじきが為なり」

「試みに出す茶を、明試と名付く。名をかくして飲ましむるを、暗指と云うなり」

「凡そ茶一碗は、二勺たるべし」

「茶を出せし人を茶主と云い、茶を烹《にだ》出す人を明府と云う」

「茶瓶は、水二合を受くべきものを十個こしらえおくべし」

などと記されています。茶の水色が分からないように黒色の茶碗を使うのが面白いですね。茶の水色よりも味と香りを重視せよということなのか、当時の茶は水色で判定できるほど茶によって水色の差が大きかったということなのでしょうか？

また、享和2（1802）年に書かれた『煎茶早指南』には、

「唐にても、闘茶とて、茶をのみわくることあり。本朝にても、茶かぶきとて、今より四、五十年むかし、はやりたるよし、其の頃風流にあそびし老人の物語なり」

と記されています。永谷宗円が青製煎茶を創製し、売茶翁が煎茶を広めた18世紀中ごろに、茶かぶき

が流行したようですが、その具体的な史料は発見できていません。

6　京都、宇治の庶民の闘茶

18世紀中ごろに流行った茶歌舞伎が、その後どうなっていったのかを明らかにする史料はほとんどありません。『闘茶会今昔』（田宮恒三）によれば、

「闘茶は、各町方衆に拡がり各町に二社三社出来る結果、予選とし月五回百二十五点を満点として別に大会を開く。それも百服茶四回連続の記録や役員も昔武士役職を使ったり各地の投札名も思ひ思ひで、京都では雨鶴雲月風、宇治方面花鳥風月客、松竹梅鶴亀、各地で色々ですが一回毎に筆記し各人の投札を書いたもので其れには速記号で書入れます。其れを出順と照合し印を付ける訳で、今は昔の名残でしょうが町内会では今でも使われています」

と記されていますが、いつの時代か分かりづらいものがあります。

また、『京都茶業』（13巻、昭和6年）によれば、

「京都八坂倶楽部の市民闘茶大会も出席者四百名で、実に未曽有の盛会であった。明治三十五年に東山祇園社内で催されたものが三百三十名の出席で、今に於いて同好者仲間の話題となって居り、当日の採点表で番付となって残って居る位である。現在京都市にある同好者の集まりは百以上に達するであろう」

と記されています。

明治後半から昭和初期にかけて、京都や宇治では町々に歓楽社、時雨社、香園社などの闘茶連ができ、闘茶会が盛んに行われたことが分かります。また、「五回百二十五点を満点」「投札名も京都では雨鶴雲月風」とあることから、二十五点満点の五種五煎法が行われていたことがわかります。

7 茶業青年団と闘茶会

南北朝の昔より、闘茶は茶を使った遊戯でした。この闘茶を茶鑑定審査の鍛錬に用い、遊びではなく競技にしたのが、京都府茶業聯合青年団です。京都府茶業聯合青年団の第1回対抗闘茶大会は昭和2年3月15日に開催されました。戦後の昭和23年には、闘茶会の名称を茶香服大会と改称し、昭和57年の第53回大会より茶審査技術競技大会になっています。平成20年3月16日には第79回大会が開催されています。全国茶業青年団が結成されたのは昭和30年のことでした。

私が初めて茶香服に参加したのは、今から42年前の昭和48年の冬の夜でした。松北園茶店の薄暗い食堂に浅黒い顔のおじさんが20名ほど集まっていました。京都府茶業連合青年団の茶香服大会に出場する選手10名を選抜するための東宇治茶業青年団の予選会です。私は10点位しか取れませんでした。私は一生懸命水色を見、香りを嗅ぎ、茶を飲んで考えに考えて投札するのですが、ベテランの方々は茶碗を鼻に近付けるだけですぐさま投札されます。しかも、「皆点」「皆点」の連続です。すごいなぁと思いました。「何で飲まへんの?」と聞いたら、「水色や味は変わるけど、においは変わらへん。」「プロはにおいで判断できるようにならんとあかん。」と言われました。これが茶香服との出会いでした。これ以来20年以上青年団の茶香服に鍛えられました。今日、お茶屋のプロとして生活していけるのは茶香服のおかげだと感謝しています。

京都府茶業聯合青年團總會と第八回闘茶大會

三月十五日京都市公會堂東館に於て開催、會頭杯の設定に各選手の意氣大いに昂り大會氣分横溢せり。

昭和9年の闘茶大会風景

簡単な茶歌舞伎の遊び方

その1：二種五服（本非十服と同じ考え方）

準備するもの：茶2種類、急須2個、人数分の湯呑、紙、鉛筆

遊び方：茶2種をそれぞれ3服包み、「一」「二」「花」「鳥」などの銘をつける。6服のうち1服を試飲させる。

本戦は5服で、1服ずつ回答を紙に記入する。

その2：四種七服（四種十服と同じ考え方）

準備するもの：茶4種類、急須2個、人数分の湯呑、紙、鉛筆

遊び方：茶3種をそれぞれ3服包み、「一」「二」「三」「松」「竹」「梅」などの銘をつける。残り茶1種を1服包み、これを「客」とする。「一」「二」「三」の茶を試飲させる。

本戦は7服で、1服ずつ回答を紙に記入する。

付　録

抹茶用語事典

ア行

合（アイ）

碾茶園（玉露園）の下骨で、人が乗って藁振りをする太竹の筋を通《とおり》といい、人が乗らない中竹の筋を合《あい》という。

青製（アオセイ）

1738年、永谷宗円によって始められた製法。宇治製ともいう。

青茶（アオチャ）

灰汁を使った湯引き製法で製造した青い碾茶のこと。それまでの白っぽい茶は「白茶」といわれた。小堀遠州は「青茶」を「後昔《あとむかし》」と命名した。

秋碾（アキテン）

秋番を碾茶炉であぶって碾茶に製造したもの。加工用抹茶の原料に使用される。

あさひ（アサヒ）

碾茶の品種。宇治郡東宇治町の平野甚之丞が宇治在来より選抜した。「平野11号」。

遊び（アソビ）

抹茶臼の芯木と上臼の供給口のすき間のこと。

あたり（アタリ）

茶臼を目立てし芯木を換えたとき、最初のうちは良く挽けるが暫らくするとパタッと挽けなくなることをアタリという。

後昔（アトムカシ）

「初昔」とともに、将軍家用の碾茶の茶銘である。初昔は蒸製の若い葉で作られた白茶に付けられたのに対して、後昔は湯引き製でつくられた「青」茶に付けられた。小堀遠州の命名である。「ノチムカシ」とも呼ばれる。

焙り・焙る（アブリ・アブル）

煎茶、玉露の「もみ」に対して、碾茶を製造することを「あぶり」という。

荒茶（アラチャ）

茶の生産家が工場で製造した茶のこと。仕上げ茶と違って本茶、茎、粉などが混じっている。

荒骨（アラボネ）

碾茶の太い茎のこと。「どん骨」ともいう。

荒箕（アラミ）

手製仕上げで、荒茶を蔓切りしたあと大箕で粉を飛ばすこと。

行燈（アンドン）

碾茶機械の冷却散茶機で、送風機の上につけられる5～7ｍの装置。天井から吊るすものを蚊帳《かや》といい、枠に張るものを行燈《あんどん》という。

石臼（イシウス）
石でできた臼で、穀物などを粉末にする道具。

一服（イップク）
お茶を飲むこと。腰をおろして休息すること。

入着（イレツケ）
入札や相対と違って、生産家が毎年同じ畑の茶を同じ茶問屋に納める取引形態。

色物（イロモノ）
露地物に対して、碾茶、玉露、かぶせの覆下茶を色物《いろもの》という。

祝（イワイ）
江戸時代の袋茶に付けられた碾茶の銘で、「白」、「むかし」に次いで多く用いられている語句である。宇治の場所から付けた茶名で宇治七名園の一つである。「祝」のほか「宇文字」、「若森」、「一文字」、「戸の内」、「森」、「川下」、「朝日」、「奥山」などの場所が使われている。

宇治石（ウジイシ）
宇治川の宇治橋より2・5㎞上流でとれる石で茶臼に向く硬い石のこと。御影石の前は宇治石が使われていた。

宇治清水（ウジシミズ）
抹茶にグラニュー糖などの甘味料を混ぜた飲み物。明治35（1902）年金沢市の米沢茶店が売り出した。

宇治製（ウジセイ）
1738年、永谷宗円によって始められた製法。青製ともいう。

宇治光（ウジヒカリ）
碾茶の品種。久世郡宇治町の中村藤吉氏の在来茶園から京茶研が選抜した。

宇治品種（ウジヒンシュ）
宇治在来より選抜された碾茶、玉露むきの品種のこと。「あさひ」、「さみどり」、「ごこう」、「宇治光」、「駒影」など。

薄折（ウスオレ）
碾茶の折物のこと。折に同じ。

薄茶（ウスチャ）
碾茶のこと。

薄葉（ウスハ）
碾茶のこと。

臼場（ウスバ）
抹茶室のこと。

薄骨（ウスボネ）
碾茶の茎のこと。碾骨、骨に同じ。

裏白（ウラジロ）
碾茶で、摘採が遅れて葉が大きく硬くなり蒸しが充分に通らなくなって、葉の染まりが悪くなり、葉の裏が白っぽくなる状態。

上臼（ウワウス）
茶臼の上の部分で、中央に穴があり挽き手で回転させる。

薗畑（エンバタ）
宇治では茶園を薗畑という。

覆〈覆い〉（オイ〈オオイ〉）
茶園に直射日光が当たらないようにつくられる棚に葦簾、菰、寒冷紗をのせたもの。

覆こぼち（オイコボチ）
「おいこぼち」と発音するが、正確には「おおいこぼち」。碾茶園、玉露園の簀、藁を下ろし、下骨を解体すること。

覆小屋（オイゴヤ）
覆いをするための材料である竹、葦簾、藁、縄などを入れておく小屋のこと。

お薄（オウス）
お抹茶の点て方の一つ。湯60～70㎖に抹茶1・5g～2gを使用する。お濃茶に対して薄いので、お薄という。

覆香（オオイカ）
覆いをすることによってつくり出される香りのこと。ジメチルスルフィド。

覆下（オオイシタ）
碾茶、玉露の栽培方法。

覆下茶園（オオイシタチャエン）
碾茶、玉露用の茶園のこと。

晩生（オクテ）
「やぶきた」品種より摘採期が遅い物を晩生といい、早い物を早生《わせ》という。

おくみ（オクミ）
茶の品種の「おくみどり」のこと。

お詰（オツメ）
茶壺にお茶を詰めた茶師、茶店の名前のこと。末客のこと。

御通御茶師（オトオリオチャシ）
御茶師三仲ケ間《なかま》の一つで、本能寺の変で堺より三河へ帰る徳川家康の道案内をしたとされる茶師が始まりである。

落し（オトシ）
茶の合組のとき、香、味、色を落とさずに、値段だけを落とすのに使われる茶のこと。

御袋御茶師（オフクロオチャシ）
御茶師三仲ケ間の一つで、大阪夏の陣の戦勝祝に新茶2袋ずつを献上したとされる茶師より始まった。

折摘（オリヅミ）
手摘み法の一つ。親指と人差し指で茶の茎を折って摘む。碾茶の手摘みに多く用いられる。

折（オレ）
碾茶の葉脈や葉柄など臼で挽けない硬い部分。昔の仕立てでは、同じ碾茶からお濃茶用とお薄用とドン骨、折、葉物、粉、屑に精選した。

折鷹（オレタカ）
折の商品名。「鷹の爪」、「友白髪」、「雁音」、「白折」など。

カ行

籠破り（カゴヤブリ）
製茶の期間を山という。製茶の最盛期が中山《なかやま》で製茶終いが籠破り。

重なり（カサナリ）
碾茶製造で葉の表と表がくっつき、二重になってうまく乾燥できない葉のこと。

滓割れ（カスワレ）
碾茶の滓の色が1色ではなく、分かれること。合組された茶、または若い芽の茶に多い。

花鳥風月客（カチョウフウゲツキャク）
久世郡宇治町に伝わる茶香服の入札の慣用句。

紙付（カミツケ）
江戸時代、茶摘の季節になると宇治茶師は毎朝茶園を見回ってその日に摘めばちょうど良い木に紙で目印を付けた。

殻色（カライロ）
茶殻の色のこと。特に碾茶では重要視される。

唐臼（カラウス）
中国より伝来した茶臼のこと。15世紀中ごろまでは国産の茶臼はなかった。

雁音（カリガネ）
元は碾茶の袋茶の銘であったが、その後碾茶の折の銘になり、現在では玉露の茎、煎茶の茎の意に用いられる。

寒冷紗（カンレイシャ）
葦や藁の代わりに覆いに用いる化学繊維のこと。

九掛け（キュウガケ）
昔の取引慣行で、粉抜きができていないという理由で、正味の数量から一割を引いて取引を行なうこと。粉引き。

急須（キュウス）
茶を煎じる用具のこと。もともと中国では酒を燗する器具であった。

魚眼・漁目（ギョガン・ギョモク）
湯の沸かし方。湯を沸かすときの湯玉の様子。

玉露（ギョクロ）
覆下園の芽で製造した高級煎茶のこと。1830年代に宇治で創製された。

玉露製元祖（ギョクロセイガンソ）
久世郡小倉村に伝わる茶香服《ちゃかぶき》の入札の慣用句。

切れ葉（キレハ）
ハサミ刈により切断された葉のこと。

金色透明（キンショクトウメイ）
煎茶の水色《すいしょく》を表す言葉。緑は本来の煎茶の水色ではない。

口切（クチキリ）
紙で密封された茶壺の口を開けること。新茶の時に宇治で詰められた茶壺は夏の間山の上など涼しいところに保管され、秋に口切りされて使われた。それまでに試飲用、見本用に使われる壺を夏切りの壺という。

形状（ケイジョウ）
茶の審査用語。茶の形のこと。

濃茶（コイチャ）
本来の抹茶の点て方。お薄に対してお濃《こい》、濃茶という。

合組（ゴウグミ）
ブレンド。複数の茶を合性を考えて組み合わせること。

極上（ゴクジョウ）
碾茶の等級の最上級のものの名称。覆い下栽培以降に現れる。「極上、別儀、極揃、別儀揃」の四等級。

ごこう（ゴコウ）
宇治品種。京都府立茶業研究所が久世郡宇治町の西村氏の在来茶園から選抜した。

駒影（コマカゲ）
宇治郡東宇治町の平野甚之丞が宇治在来より選抜した品種。

駒の足影（コマノアシカゲ）
1217年に明恵上人が、宇治の農民に「馬が歩いた蹄の跡に茶の実を植えなさい」と教えたという伝承がある。宇治茶発祥の地。

御物御茶師（ゴモツオチャシ）
御茶師三仲ケ間の筆頭で、将軍家や将軍家が朝廷や増上寺など徳川縁の寺院へ納める茶を調進した。

サ行

在来（ザイライ）
品種でない実生の茶のこと。

さえ（サエ）
品種の「さえみどり」のこと。

さみどり（サミドリ）
宇治品種の「さみどり」のこと。久世郡小倉村の小山政次郎が宇治在来より選抜した。「小山69号」。

さやま（サヤマ）
品種の「さやまかおり」のこと。

さらえ（サラエ）
手製碾茶の製造で使用する道具。竹製の熊手状の道具で、焙炉の助炭に広げられた蒸し葉を攪拌するのに使う。

直掛け（ジカガケ）
棚を作らず茶園に寒冷紗を直に着せたもの。

色沢（シキタク）
茶の審査用語で、茶の色と艶のこと。

しごき（シゴキ）
手摘みの方法で、茎を残し新芽だけをしごいて摘む方法。

下臼（シタウス）
茶臼の回転しない下の部分で、芯木が立てられている。

仕立葉（シタテバ）
碾茶の荒茶を仕上げ加工したもの。これを挽き臼で抹茶に加工する。

下骨（シタボネ）
碾茶園、玉露園の覆いの骨組みのこと。ナルと竹でつくる。この上に葦簀と藁、または菰で覆いをする。

尺一（シャクイチ）
茶臼の寸法。直径が一尺一寸（約33㎝）の茶臼のこと。

雀舌（ジャクゼツ）
『大観茶論』に「茶の芽は雀の舌、穀の粒のようなものを茶闘べにつかう第一級品とする」とあるように、最高級の茶の葉の形。「鷹爪《たかのつめ》」とも。

珠光（シュコウ）
茶の湯の開祖、村田珠光のこと。

助炭（ジョタン）
四角い木枠に寒冷紗か蚊帳の古くなったものを貼り、その両面に和紙を何重にも張り重ね、柿渋を塗って仕上げたもの。焙炉の上にのせて手揉み茶を製造する。

正喜撰（ショウキセン）
宇治の池の尾の煎茶の茶銘。「太平の眠りを覚ます蒸気船（上喜撰）、たった四杯で夜も寝られず」で有名。「池の尾」と同じ。

白折（シラオレ）
碾茶の折物のこと。折に同じ。

白（シロ）
若い芽で碾茶が製造されていて、抹茶に挽いたとき挽色が白く見えること。

白茶（シロチャ）
若くて小さい芽の碾茶を挽くと白っぽい抹茶になる。これを「青茶」に対して「白茶」といった。小堀遠州は白茶を「初昔」と命名した。

白むかし（シロムカシ）
御茶師三仲ケ間の袋茶銘で、「初鷹爪」とともに多く使用されていた茶銘。

芯木（シンギ）
茶臼の回転軸になる木。硬い樫の木が多い。

真空唐箕（シンクウトウミ）
この真空唐箕ができるまでの唐箕は風を送ることによって茶を選別したが、真空唐箕は空気を吸い込むことによって茶を選別する。

簀（ス）
葦を細縄で簾状に編んだもの。

簀上げ（スアゲ）
下骨に葦簀をのせること。1反で300枚の葦簀が必要になる。

水色（スイショク）
茶の浸出液の色のこと。

擦り合わせ（スリアワセ）
茶臼の上臼と下臼の合わせ面の内、中心より約3分の1には「ふくみ」という間隙があり、残り3分の2は「すりあわせ」といって密着している。

鶺鴒釜（セキレイガマ）
茶の手蒸しのときに使われる底の深い釜のこと。

切断廻し（セツダンマワシ）
製茶再製機械で、切断機の下に廻し篩《ふるい》がついた機械。主に碾茶の仕上げに使われる。

染・染まり（ソメ・ソマリ）
主に碾茶の覆いが良く効いて、葉の色が濃い緑色になること。「染が濃い」と使う。

タ行

鷹爪（タカノツメ）
江戸時代に碾茶の袋茶に付けられた茶銘。若い茶葉を碾茶に焙ると一芯二、三葉の一芯が鳥の鷹の爪のような形に出来上がるので、若い極上の碾茶に「鷹爪」という銘が付けられるようになった。後の時代になると碾茶の折や玉露の折の茶銘に格下げして用いられるようになった。

竹の緑（タケノミドリ）
碾茶の色沢《しきたく》を表す言葉。竹の葉のようにやや黄色がかった緑色をいう。山手の碾茶に多い。

棚（タナ）
碾茶園や玉露園の棚式覆いのことを直《じか》がけに対して棚という。葦簾、藁を本簾《ほんず》という。

垂菰（タレコモ）
覆い下園で下骨をした茶園の周囲に垂らす菰のこと。

茶入（チャイレ）
抹茶を入れる陶磁器製の茶器のこと。

茶市場（チャイチバ）
お茶の荒茶を生産者より集めて茶業者に入札販売する場所。

茶臼（チャウス）
抹茶を挽く石臼のこと。古くは唐臼で、その後宇治石が使われ、現在では御影石（花崗岩）でつくられる。

茶香服（チャカブキ）
茶を飲んでその茶の産地や等級や種類を当てる競技。

茶経（チャキョウ）
唐の陸羽が著した茶の学術書。

茶師（チャシ）
元々は、江戸時代に宇治で碾茶の製造にかかわった人のこと。

茶杓（チャシャク）
抹茶をすくう匙のこと。竹製が多い。

茶筅（チャセン）
抹茶を点てるときに使う竹製のささら風の用具のこと。中国宋代に創られた。

茶壺（チャツボ）
茶の保存に使用する壺のこと。茶櫃（缶櫃）ができるまでは、茶壺の使用が多かった。信楽焼が多かった。

茶壺道中（チャツボドウチュウ）
江戸時代、将軍御用の宇治碾茶を茶壺で江戸へ運んだ行列のこと。「茶壺に追われて戸ピンシャン」と童謡に謡われているが、茶壺道中が来るというので、戸をピシャリと閉めてやりすごしたということ。

茶摘み（チャツミ）
茶を手摘みすること。

茶の湯（チャノユ）
茶道、茶会のこと。

茶柱（チャバシラ）
番茶を注いだときに茎が茶碗の中に浮かんで直立することを「茶柱が

立つ」という。

茶櫃（チャビツ）
茶を保存するための木箱のこと。

茶瓶（チャビン）
茶を煎じ出す土瓶、薬缶のこと。

茶葉（チャヨウ）
茶の葉のこと。「ちゃば」ではなく「ちゃよう」と読む。

茶撰（チャヨリ）
茶の茎や黄葉を選り分けること。

茶寄合（チャヨリアイ）
南北朝時代、中世の婆娑羅大名たちは茶寄合で闘茶を行った。

茶を挽く（チャヲヒク）
仕事が暇なこと。客がつかないこと。

詰茶（ツメチャ）
茶壺の中央に「袋茶」を入れ、その周囲に薄茶用の碾茶を茶壺いっぱいに詰めること。

蔓切（ツルキリ）
目の粗い篩で、荒茶を入れ、ゆらしながら茶を手のひらで撫でつけるようにして茶と茎を分けること。

手挽臼（テビキウス）
上臼を手で廻して抹茶を挽く小型の茶臼のこと。

碾茶（テンチャ）
揉まずに、そのまま乾かした茶のこと。抹茶の原料。

碾茶炉（テンチャロ）
耐火レンガで造られた機械式の碾茶乾燥機のこと。全国の碾茶炉はすべて堀井長次郎が考案したが堀井式。

唐箕（トウミ）
風力によって茶の重い部分と軽い部分を選別する機械。

栂尾（トガノオ）
明恵上人が栄西から譲り受けた茶を植えた場所。「栂ノ尾茶」は本茶とされた。

泊芽（トマリメ）
摘採したその日に製造できず、翌日まで一晩置かれる生芽のこと。昔は多くあった。適度な萎凋で良い香りの茶ができることもあった。雨の前日などは、無理をして摘採し泊芽にすることもある。

どん突（ドンツキ）
覆下園の下骨で、ナルを建てるために地面に穴を開ける道具。

どん骨（ドンボネ）
碾茶の太い茎の事。荒骨ともいう。

ナ行

夏切（ナツキリ）
口切りの前、夏に使われる碾茶をいう。その年の見本茶の意味もある。

ナル（ナル）
覆下園の下骨に使う檜の杭丸太。1反に240本必要。

二重（ニジュウ）
覆下茶園で、葦簾の上に藁を葺いた状態のこと。「二重を葺く」と使う。本簾《ほんず》のこと。

入札（ニュウサツ）
競争入札のこと。茶の見本を審査して値札を入れ、一番高値で落札される。

猫（ネコ）
抹茶が茶缶の中で小さく固まって丸くなった状態をいう。抹茶を点てるとき、お湯を注いで茶碗の中で丸く固まるのをダマという。湿りではなく、振動による静電気によって起こる場合が多い。

煉（ネリ）
茶をじっくり乾燥すること。

野点（ノダテ）
野外で茶を点てること。野外での茶会のこと。

ハ行

拝見場（ハイケンバ）
茶を審査する場所のこと。北向きで上からだけ自然光が入る構造で、まわりは全て黒く塗ってある。

拝見盆（ハイケンボン）
茶を審査するときに使う茶を入れる黒い盆。丸盆と角盆がある。

葉売り（ハウリ）
現在は抹茶で流通しているが、栄西以降、大正時代までは薄茶（碾茶）の状態で流通していた。

葉ごつい（ハゴツイ）
碾茶の状態が分厚くゴリゴリしている状態をいう。

葉茶壺（ハチャツボ）
碾茶を保存するための茶壺のこと。

初昔（ハツムカシ）
徳川将軍家へ献上された碾茶のうち「白茶」に「初昔」という銘が付けられた。小堀遠州の命名。

浜茶（ハマチャ）
木津川の河川敷や川の周辺でつくられる碾茶のこと。砂地なので収量が多く、緑が濃く、挽き色が良い。

葉物（ハモノ）
碾茶の出物。葉の付け根や中央脈に近い分厚く硬い葉の部分で、手挽き臼では挽きにくく、煎じ茶として用いられた。

半袋（ハンタイ）
碾茶が十匁《もんめ》入る美濃紙製の茶袋のこと。濃茶用の碾茶を詰めて茶壺の中央に入れる。

挽色（ヒキイロ）
碾茶を茶臼で挽いた時の抹茶の色のこと。

挽売り（ヒキウリ）
碾茶を茶臼で挽いた抹茶の状態で販売すること。栄西以来大正時代までは碾茶で流通する「葉売り」だった。

挽茶（ヒキチャ）
抹茶のこと。碾茶を茶臼で挽いたもの。

挽茶屋（ヒキチャヤ）
大正時代以前にあった、碾茶を手挽きの茶臼で抹茶に賃挽きして商う業種。茶臼は高価な道具であったためである。

挽手（ヒキテ）
茶臼を回すときにつかむ上臼に付いた棒のこと。

簸屑・飛屑（ヒクズ）
碾茶の仕上げで、箕で簸出したあとに残る硬くて重たい部分のこと。

簸出し箕（ヒダシミ）
大きな箕で茶を簸出して、軽い部分と重い部分に分ける用具。

非茶（ヒチャ）
室町時代の初期、栂ノ尾産の茶を「本茶」といい、それ以外を「非茶」といった。

古（ヒネ）
古くなった茶のこと。前年や2年前の茶のこと。

簸る（ヒル）
簸出し箕を使って、茶を軽い部分と重たい部分に分けること。「茶を簸る」という。

広葉（ヒロハ）
碾茶のこと。特に抹茶に挽かないでそのまま急須で使う薄葉を「ヒロハ」という。

吹上（フキアゲ）
碾茶機で、蒸し機を出た茶葉を冷まし、蒸し露を取るため風力で3、4回蚊帳（行燈）の中に吹き上げること。

含（フクミ）
茶臼の下臼は平らであるが、上臼は平らではなく少し凹んでいる。この上臼と下臼の間隙をフクミという。

袋茶（フクロチャ）
お濃茶用の碾茶は半袋、小半袋と呼ぶ美濃紙製の茶袋に詰めて茶壺の中央に入れる。これを袋茶という。

篩（フルイ）
荒茶を仕立てるとき、茶の大きさを揃えるために使う道具。籐で作ったものもあるが、多くは竹製である。一寸角の中にある網目の数でその篩の番を呼び、例えば五目のものを五番と呼ぶ。

別儀（ベツギ・ベチギ）
昔の碾茶の等級の一つ。「無上、別儀、揃」「極上、別儀、極揃、別儀揃」。

焙炉（ホイロ）
手揉み製茶に用いる器具。

焙炉香（ホイロカ）
焙炉による製茶でできる香りのこと。碾茶炉で生まれる香りのこと。

焙炉師（ホイロシ）
焙炉を用いて手揉み製茶を行う人のこと。

焙炉場（ホイロバ）
茶の製造工場のこと。

ぼて（ボテ）
竹で編んだ平籠で、これに和紙を張り柿渋を塗って仕上げたもので、大きさは直径三尺（約91㎝）深さ四寸（約12㎝）を中心に大小ある。仕上げの工程で茶を入れるのに使用する。

ほとろ（ホトロ）
茶園に敷く下草、下木のこと。

骨（ホネ）
茎のこと。特に碾茶の大きな茎のこと。

堀井式（ホリイシキ）
大正13（1924）年に宇治町の堀井長次郎によって発明された碾茶機械で、現在の碾茶機械はすべて堀井式。

本簀（ホンズ）
葦簀と藁で作られた覆いのこと。

マ行

抹茶（マッチャ）
碾茶を茶臼で挽いて微粉末にしたもの。

抹茶篩（マッチャブルイ）
茶臼で挽き上げた抹茶は60メッシュの篩でふるい、製品となる。

松の緑（マツノミドリ）
碾茶の色沢を表す言葉。松のように深く濃い緑色のこと。浜茶に多い。

箕（ミ）
竹で編んだものに和紙を張り柿渋を塗ったもので、茶を簸出したり、茶を合するのに使う用具。大中小がある。

御影（ミカゲ）
茶臼を作る石のこと。茶臼は昔宇治石で作られたが、現在ではほとんど御影石で作られる。

実生（ミショウ）
茶の実を播いて生まれた茶の木。実生え（みばえ）。

三つ合（ミツツゴウ）
合組（ブレンド）用語。香り、味、色の三つが生きるように合組すること。

みる芽（ミルメ）
若い芽のこと。

目立（メタテ）
茶臼の溝（目）を彫り直すこと。

もが（モガ）
加工用抹茶の粉砕原料。生葉を蒸したあと葉打機、粗揉機、中揉機を通し、そのあと乾燥機で乾燥したもの。伊勢、静岡で多くつくられている。

ヤ行

槍持（ヤリモチ）
茎の状態を表す用語。茶の芽が若く茎が本茶と同じ色艶をしている状態。少し硬化すると茎の皮がめくれて白いペタ棒になり、もう少し硬化すると丸い棒になる。

湯引（ユビキ）
お湯の中に生葉を入れ茹でて殺青《さっせい》する方法。古田織部の青は灰汁《あく》による湯引による。各地の番茶も湯引、煮茶が多い。

葦簀（ヨシズ）
簀を参照。覆い下園に使われる葦を編んだ簀のこと。昔は巨椋池《おぐらいけ》の葦が使われた。

ラ行

炉馴らし（ロナラシ）
碾茶炉の試運転のこと。

ワ行

藁ふき（ワラフキ）
本簀の覆いで簀を拡げた上に、稲藁を振り拡げること。簀で遮光率は50％、藁ふきのあとは95～98％になる。

写真で見る抹茶の歴史

＊『京都府久世郡写真帖』（大正4〔1915〕年）、『京都茶業写真総覧』（大正13〔1924〕年）より。

大正時代、宇治川べりの茶摘み風景。「摘み娘」さんの様子や茶摘篭から実際の風景と考えられる。摘み娘さんは地元の久世郡、宇治郡、綴喜郡、相楽郡のほか大和や河内から季節労働に来る人もあった。

蒸場の風景。碾茶の蒸しは昭和24年に京茶研型碾茶蒸機が発明されるまで、約750年間は手蒸しだった。右の人物は蒸籠の蓋をあけて、箸で色付けをしている。中央の人物は蒸した葉を走り（手蒸しで蒸し揚がった茶葉を冷ます台）にあけて冷ましている。左の人物は走りの蒸し葉を船（手摘みされた生芽を入れる竹製の大きな平たい籠）に入れ、団扇で煽いで冷ましている。

玉露か煎茶の手揉み風景。手前の焙炉師は「でんぐり（手揉みの仕上げ揉みで、葉揃いと加圧で形を整え針状に伸ばす動作のこと）」の工程と思われる。二人目と四人目は、手の動作から仕上げ工程の「揉み切り」をしているようだ。手前の焙炉では揉んだ茶を乾燥している。

半自動の玉露か煎茶の流し場（仕上げ場）風景。平行篩が6台乗っている。茶箱の荒茶を箕ですくい、篩に入れている。篩の目を通った細い茶はベルトで手前に出てくる。篩に残った太い茶は切断する。

煉り場（乾燥場）の風景。煉瓦積みの珍しい乾燥機。仕上げ茶を乾燥して、荒茶の水分量（6～7％）を3～4％にする。

拝見場と帳場（事務室）の風景。立っている人物は釜から湯を汲んで、茶の拝見（審査）をしている。横の棚には見本缶がたくさん並んでいる。手前の人はそろばんで値段をいれている。奥が帳場。

茶選り場の風景。茶選りは女性の仕事で、「選り娘」さんと呼ばれる。一つの選り板に四人が座り、茶の山から少量の茶を自分の前に拡げ、白い茎を選んで自分の前掛けに落とす。良い茶は横の選り籠に入れる。

臼場（抹茶室）の風景。宇治では大正2（1913）年に宇治発電所が出来、電気が使えるようになった。写真に写っているのは、中村式抹茶機械。

詰め場の風景。仕上げ茶を紙袋に詰め、缶櫃（木箱）に詰めている。当時は段ボールはなく、すべて木箱出荷だった。

荷造り場の風景。木箱に菰を巻き、荒縄で荷造りをする。左の人物は茶壺を荷造りしている。全国への出荷は国鉄の貨物列車によって行われた。

摘み娘さんの写真。「京都茶業写真総覧」のためのモデル写真と思われる。

桑原　秀樹（くわばら　ひでき）

1949年京都府宇治郡東宇治町（現宇治市）生まれ。

早稲田大学政経学部卒業。

24歳で（株）桑原善助商店代表取締役社長に就任。

日本茶インストラクター制度では創設活動より参加。

NPO法人日本茶インストラクター協会元副理事長兼関西ブロック長。

平成24年に、6年の歳月をかけて栄西の時代から現在までの抹茶の歴史を追いかけた『抹茶の研究』を発刊、同作が第22回紫式部市民文化賞を受賞。

日々、抹茶の製造に従事する傍ら、抹茶を一般家庭の暮らしに取り入れるべく、講演活動なども行っている。

参考文献一覧

『京都府統計書』（京都府．明治15年〜平成18年）
『宇治は茶どころ』（日出新聞．大正3年）
『京都茶業界』『京都茶業』
（京都茶業界、京都茶業．大正8年〜昭和16年）
『京都府の茶業』（京都府産業部．大正13年）
『京都茶業写真総覧』（玉井源次郎．大正13年）
『京都府茶業研究所業務彙報』
（京都府立茶業研究所．大正14年〜昭和11年）
『日本内地に於ける製茶事情』
（茶業組合中央会議所．大正15年）
『宇治茶の研究』（京都商工会議所調査課．昭和9年）
『京都府茶業史　完』（安達披早吉．昭和9年）
『碾茶指定試験成績』（京都府立茶業研究所．昭和11年〜16年）
『製茶機械と製茶工場設備に就て』（浅田美穂．昭和12年）
『茶業組合創立五十周年記念論文集』
（加藤徳三郎．昭和12年）
『京都府茶業統計表』（京都府農業会．昭和20年）
『京都府の茶業』（京都府経済部．昭和29年）
『明治初年の京都府茶業』（三橋時雄、京都農業．昭和30年）
『京都府の茶業』（京都銀行．昭和34年）
『京都府農業発達史』（三橋時雄、荒木幹雄．昭和37年）
『日本教会史』（大航海時代叢書．昭和42年）
『抹茶臼について』（大西市造．昭和43年）
『茶業累年統計表』
（農林省農林経済局統計調査部．昭和44年）
『てん茶の粉砕について、石臼の粉砕機構』
（大西市造．昭和44年）
『升半茶店史資料編』（林董一．昭和46年）
『石臼再発見』（大西市造．昭和49年）
『石臼の謎』（三輪茂雄．昭和50年）
『宇治市史』（宇治市．昭和53年）
『臼』（三輪茂雄．昭和53年）
『日本茶業発達史』（大石貞男．昭和58年）
『日本の茶歴史と文化』（吉村亨、若原英弌．昭和59年）
『京都府茶業百年史』（京都府茶業会議所．平成6年）
『日本茶の魅力を求めて』（小西茂毅．平成17年）
『宇治茶を語り継ぐ』（堀井信夫．平成18年）
『抹茶の研究』（桑原秀樹．平成24年）

レシピ提供　本間 節子
撮影　小賀 康子
装丁・デザイン　新木 邦義　菅野 津賀子
編集　㈱農文協プロダクション

歴史《れきし》・種類《しゅるい》・おいしい点《た》て方《かた》、上手《じょうず》な選《えら》び方《かた》からスイーツレシピまで
宇治抹茶問屋《うじまっちゃどんや》4代目《だいめ》が教《おし》える
お抹茶《まっちゃ》のすべて　NDC791

2015年3月13日　発　行

監　修　桑原《くわばら》　秀樹《ひでき》
発行者　小川 雄一
発行所　株式会社 誠文堂新光社
〒113-0033　東京都文京区本郷3-3-11
（編集）TEL 03-5805-7762
（販売）TEL 03-5800-5780
http://www.seibundo-shinkosha.net/

印刷・製本　大日本印刷株式会社

ISBN978-4-416-61530-0